地球是我们人类赖以生存的唯一家园，全球气候变暖已经成为人类面临的新危机。拯救发烧的地球，旨在警醒世人，低碳转型关系到人类未来之命运，刻不容缓。拯救发烧的地球，就是拯救我们人类自己！

——习珈维

习珈维（Xi Jiawei）

高级经济师，君旺集团董事长、创始人，中国房地产产业链领军人物。

1978 年 11 月生人，祖籍陕西省富平县，现居于上海。

毕业于第四军医大学，再读于长江商学院。兼任中国建筑节能协会建筑保温隔热专委会副主任委员、上海交通大学产业导师。

《巴黎协定》诞生大事记

2015年
《巴黎协定》
有史以来首个具有普遍性和法律约束力的全球气候变化协定。

2007年
《巴厘路线图》
确定了世界各国今后加强落实《联合国气候变化框架公约》的具体领域。

1997年
《京都议定书》
将温室气体控制或减排设定为发达国家具有法律约束力的义务。

1992年
《联合国气候变化框架公约》
确定自1995年起，每年召开联合国气候变化大会以评估进展。

联合国教科文组织与世界自然保护联盟2022年的一项研究表明，全球冰川自2000年以来一直在加速消融。这些冰川平均每年会损失约580亿吨的体量，这相当于法国和西班牙每年用水量的总和。冰川融化已经造成全球海平面观测上升量的近5%，一旦海平面持续上升，低海拔地区就很有可能被海水淹没。随着冰川的融化，被困在冰川里面的病毒、细菌、真菌等有害微生物会被释放出来，它们将会威胁全人类。

飓风是在大西洋上生成的热带气旋，它威力极大，在世界许多地区，对人类的生命和财产都造成了很大的威胁。据科学家们对1979—2017年的飓风卫星图像的研究表明，飓风强度会随着全球平均地表温度的升高而增加。这说明气候变暖很可能是造成飓风强度增加的主要原因，越来越多、越来越强的飓风也在向人类发出警告。

2022年7月，我国南方很多地区出现了1961年有完整气象记录以来的最强高温天气，高温不但会影响人的健康，更会破坏农田庄稼。持续的高温，会明显降低一个地区的降雨量，降雨量减少会造成山塘干涸，地下水位下降，很多原本用来灌溉农田的水渠都会干涸。气温变高，水汽蒸发量变大，会使土壤失墒变快，土壤缺墒也会对农业生产造成很大的影响。

1814年，英国人发明并运行了世界上第一台蒸汽机车。蒸汽机车出现后，全球的铁路交通迅速发展，但也带来了环境污染问题。当时的蒸汽机车需要利用蒸汽机，把燃料（几乎都是煤炭）的化学能转变成热能，热能再变成机械能。所以，机车开动时，车头处的烟囱会喷出滚滚浓烟，而且由于燃烧效率很低，蒸汽机的锅炉加煤越多，黑烟越浓，污染就越严重。

中国（上海）自由贸易试验区临港新片区（以下简称“临港”）位于上海东南区域，北临浦东国际航空港，南接洋山国际枢纽港，总面积为873平方千米。临港也是上海沿海大通道的重要节点，无论是海运、空运、铁路，还是公路、内河、轨交，都十分便捷。在环保节能方面，临港更是一直走在全国前列。为加快构建新片区“绿色低碳、安全韧性、开放共享、智慧高效”可持续发展的现代能源系统，着力推进智慧、低碳、韧性城市建设，临港发布了《中国（上海）自由贸易试验区临港能源领域“双碳”行动方案》。

君旺大厦坐落于上海临港103科创总部湾，是君旺集团在国家双碳战略和临港加快低碳城市发展的背景下，重点打造的华东地区单体量最大的超低能耗办公建筑。该项目在方案设计、材料设备标准、节能技术运用和室内装修等方面注重落实低碳节能理念，是低碳建筑的示范项目。

拯救发烧的地球

双碳战略发展目标的重大意义与践行

习珈维◎著

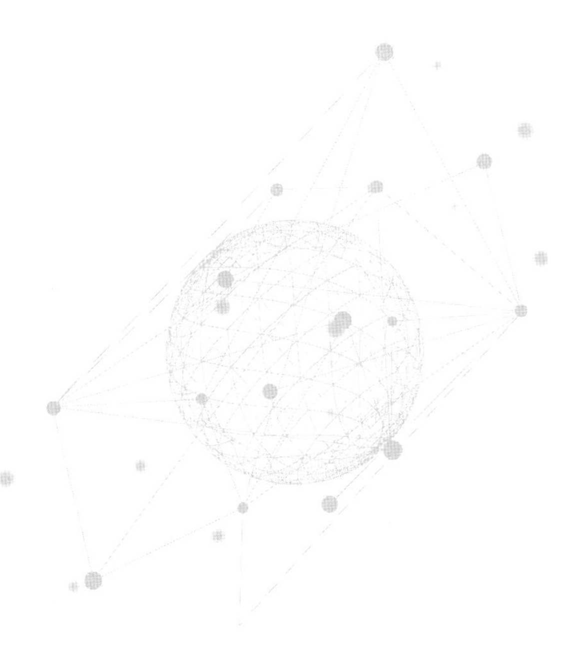

清華大學出版社
北京

图书在版编目（CIP）数据

拯救发烧的地球 / 习珈维著．—北京：清华大学出版社，2023.12
ISBN 978-7-302-64642-6

Ⅰ.①拯…　Ⅱ.①习…　Ⅲ.①全球气候变暖－普及读物　Ⅳ.①P461-49

中国国家版本馆 CIP 数据核字（2023）第 182365 号

责任编辑：徐永杰
封面设计：汉风唐韵
责任校对：王凤芝
责任印制：曹婉颖

出版发行：清华大学出版社
网　　址：https://www.tup.com.cn，https://www.wqxuetang.com
地　　址：北京清华大学学研大厦 A 座　　邮　　编：100084
社 总 机：010-83470000　　邮　　购：010-62786544
投稿与读者服务：010-62776969，c-service@tup.tsinghua.edu.cn
质量反馈：010-62772015，zhiliang@tup.tsinghua.edu.cn
印 装 者：三河市东方印刷有限公司
经　　销：全国新华书店
开　　本：148mm×210mm　　印　　张：7　　字　　数：161 千字
版　　次：2023 年 12 月第 1 版　　印　　次：2023 年 12 月第 1 次印刷
定　　价：68.00 元

产品编号：098617-01

推荐序一

从保护到拯救

“拯救发烧的地球，就是拯救我们人类自己！”这是习珈维先生在他的力作《拯救发烧的地球》中发出的最强劲的呐喊！过去我们听到的或认可的一些环保人士经常说，保护环境、保护动物、保护地球就是保护我们人类自己，但习珈维先生从他的观察、研究和总结中感受到，全球气候变化已经成为人类面临的最严峻的挑战，成为人类新的危机。如果仅仅呼吁“爱护、保护”显然显得消极和被动，大有一种事不关己的旁观者的傲慢眼光与态度，我们必须从包括自己在内的人类未来之命运出发，尽快实现低碳转型。拯救发烧的地球，刻不容缓。

实际上，人类对气候变化的认识经历了从自然科学研究、政治家们达成共识、国际社会形成法律文件，到各国及其社会各界开始付诸行动等漫长的四个历史阶段。早在1859年，爱尔兰物理学家、数学家、化学家、气象科学家约翰·廷德尔经过多年的观察与研究认为：水蒸气对保持地球大气的温度十分重要，其他气体（如二氧化碳和氧气）同样十分重要。他的结论是：增加像二氧化碳这样的能大量吸收太阳辐射的气体会对地球的气候产生十分显著的影响，这就是我们现在所说的全球变暖，亦称为温室效应。温室效应现象是地球生态系统的重要组成部分，它使得地球有了适合人类及万物生存的温度、水分、氧气、二氧化碳等各种条件，进而形成了完美且脆弱的生态系统。

蒸汽机的发明和使用，使人类走向工业文明。工业文明的重要标志就是化石能源的大量消耗。19 世纪中叶，约翰 · 廷德尔等人通过实验发现，改变大气中二氧化碳的浓度可以改变大气层温室效应的强弱，温室效应的强弱会影响地球温度的变化。从 1972 年第一次联合国环境与发展会议开始，人类的可持续发展问题、气候变暖问题及其可能对地球生态系统的破坏进入人们的视野。中国政府也在第一次联合国环境与发展会议以后成立了以国家基本建设委员会和燃料化学工业部等九个部委为主的“国务院环境保护领导小组办公室”。1982 年，成立“城乡建设环境保护部”，目的是实现城乡规划、建设、环境保护三统一。当时的经济社会发展水平较低，我国主要的工作重点是治理污染，并未涉及气候变化方面。

1988 年，联合国成立了政府间气候变化专门委员会，专门研究气候变化问题的成因、影响和应对措施。历经 2 年多的研究，此委员会于 1990 年发布了第一次评估报告，此后发布了 5 次评估报告，使得人类对气候变化的认识不断提高。基本结论是自工业化以来，人类大量燃烧化石能源造成了地球大气层中温室气体浓度的增加，所以工业化 200 多年来，化石能源的大量燃烧是地球大气温度不断升高的主要原因。这种趋势如果不加以扭转，将会对人类赖以生存的地球生态系统造成不可挽回的破坏。

1992 年，在巴西里约热内卢召开的第二届联合国环境与发展会议上，政治家们依据这些科学认知，达成了《联合国气候变化框架公约》，确立了共同但有区别的责任和对应各自能力的原则：应对气候变化是全球共同的责任，世界各国应依据自身的发展历史、发展水平和能力担负起相应的责任。1997 年，《联合国气候变化公约》京都议定书在日本京都签定，世界各国按照共同但有区别和对应各自能力的原则，就温室气体减排达成一致，其中规定了到 2020 年发达国家减排的目标。

2015 年达成的《巴黎协定》提出在 21 世纪末，要将地球温升控制在 2℃以内，并为控制在 1.5℃而努力的政治目标，并把 21 世纪下半叶实现人类活动温室气体的排放量与大自然的吸收相平衡，即气候中性（又称碳中和）作为实现政治目标的具体措施。要求世界各国在 2020 年提交国家面向 21 世纪中叶的低排放发展战略，以适应全球 21 世纪下半叶实现碳中和的目标。

1992 年达成的《联合国气候变化框架公约》、1997 年达成的《京都议定书》和 2015 年达成的《巴黎协定》都是全球应对气候变化的具有一定法律约束力的文件，也是人类对气候变化问题从科学认知到政治共识，再到具体行动不断深化的体现。碳达峰是全球应对气候变化问题的阶段性目标，碳中和是应对气候变化问题的最终目标。

中国参与世界应对气候变化的第二次时间节点是 20 世纪 90 年代，时逢我国进一步改革开放时期。首先是 1992 年第二次联合国环境与发展大会，这是继 1972 年 6 月瑞典斯德哥尔摩联合国人类环境会议之后，环境与发展领域中规模最大、级别最高的一次国际会议。大会有 183 个国家和地区代表团、70 个国际组织的代表参加了会议。1996 年召开了第二届联合国人居大会，会议正式提出

“人人享有适当的住房”和“城市化进程中人类居住区可持续发展”的原则和目标，这标志着宜居城市理论逐渐迈向成熟，可持续发展由此也成为宜居城市建设的主要目标和评价标准，形成了以建筑节能减少能源消耗来应对气候变化的21世纪人居议程。在这个框架引导下，中国先后与英国、加拿大、丹麦、瑞典、法国、德国、日本、美国等国，以及世界银行、全球环境基金（GEF）等国际机构，开展了建筑能效、供热计量、太阳能可再生能源城市与建筑应用、清洁能源等方面的合作。

中国和英国于1992年开展“中英建筑节能合作项目”。该项目历时4年半，先后开展建设节能示范建筑、建设建筑节能检测基地、学习英国建筑节能技术、科技人员培训等项目，并提出《建筑节能政策建议书》。建议书内容包括把城市新建住宅建筑当作重点，以及按照节能30%的标准分三步走，以最终达到发达国家20世纪末的节能水平；建议书还明确提出“先新建、后改造，先住宅、后公建，先城市、后农村”的工作策略。坦率地讲，中国后来的建筑节能工作在2010年之前基本上是按照这个策略展开的。

中国和加拿大开展了“中加建筑节能合作项目”。该项目从1996年开始，历时8年，先后从建筑节能政策、建筑节能技术与标准、建筑节能人员培训与能力建设、建筑节能示范工程、建筑节能成果宣传与扩散、建筑节能妇女参与等方面全面开展合作，这使中国充分积累了应对气候变化和建筑节能工作的经验。这些经验主要有：①开展建筑节能工作要靠原有的工作管道。②政府部门要做建筑节能的表率。③要与政府、协会、企业建立平等的合作伙伴关系。这些经验弥足珍贵，在后来的工作实践中得到了充分应用。

和德国合作产生的影响最为广泛和深远。从 2006 年正式开展“既有住宅建筑节能改造项目”到“中小学校医院建筑节能改造”，从 2010 年开展的“高能效建筑与被动房”项目一直到今天还在继续。中德建筑节能合作为中国探讨超低能耗建筑、建设低碳建筑开辟了全新的技术领域。

中国和世界银行、全球环境基金同期开展的“城市供热改革与建筑节能项目”“城市可再生能源与建筑节能项目”，对于中国学习发达国家建筑节能政策、法律、经验、技术等起到了巨大的促进作用。

由上可见，中国的建筑节能工作完全得益于改革开放，它也一直是在国际应对气候变化的框架下展开的。中国后来还开展了一系列的碳交易的研究，有的项目还开展了方法学研究。在这些项目资金和技术的支持下，有关单位结合中国实际，广泛开展了相关技术与政策研究，得以形成了全世界覆盖面最广的中国建筑节能标准体系，建设了世界上最大量的节能建筑，走出了一条具有中国特色的建筑节能道路。

遗憾的是，上述工作多是以改善居住环境、提高居住水平的名义在住房城乡建设行业内部按照自己的工作秩序循序推进的，外界对此并不是十分了解。人们对房价的兴趣远远大于对房子性能的兴趣。

值得高兴的是，习近平主席在 2020 年 9 月 22 日第 75 届联合国大会一般性辩论发言时向全世界宣告，中国将努力争取在 2030 年之前实现二氧化碳排放达峰，努力争取在 2060 年之前实现碳中和。从此，全国从上到下开始更加关注气候变化。特别是像习珈维先生这样从事建筑保温和节能门窗研发生产企业的产业界翘楚，深入思考，并能撰写出知识性、专业性强的大作，实属难能可贵。受我在建筑节能工作中结成的志同道合的好朋友、德国国际合作机构（GIZ）项目主任、中国被动式超低能耗建筑联盟终身荣誉秘书长徐智勇先生的强烈推荐，有幸提前拜读了习珈维先生的新作，我深受感动。一个时期以来，气候变化名下的研究课题和书籍数量大幅增加，与一些名人挂帅、写手上阵、拼凑而成、空洞乏味，甚至如同嚼蜡的效果完全不同，习珈维先生的《拯救发烧的地球》显然是在广泛阅读的基础上，结合他多年的实际工作经验，经过深入的思考加工，从内心深处流露出来的心声，读起来令人受益匪浅。

道固远，笃行可至。正如习近平主席指出的："应对气候变化，《巴黎协定》代表了全球绿色低碳转型的大方向，是保护地球家园需要采取的最低限度行动，各国必须迈出决定性步伐。"特别是读了习珈维先生的书，我对低碳转型发展的紧迫感陡增，对拯救发烧的地球的信心爆棚。

住房和城乡建设部建筑节能与科技司原副司长

2023 年 7 月 1 日

推荐序二

大格局大事业的底层逻辑

——君子务本之第一性原理+战略定力之长期主义

焚林竭泽总干戈，何忍地球常抱疴。

本立道生君业旺，相依共处致中和。

2020 年 9 月，习近平主席在第 75 届联合国大会一般性辩论上正式宣布："中国将提高国家自主贡献力度，采取更加有力的政策和措施，二氧化碳排放力争于 2030 年前达到峰值，努力争取 2060 年前实现碳中和。"

过去的百年，随着化石能源的过度消耗，碳排放已经让人类与自然的矛盾走向了危机边缘。实现碳达峰碳中和，是国家经过深思熟虑做出的重大战略决策，是着力解决资源环境约束突出问题、实现中华民族永续发展的必然选择，也是构建人类命运共同体的庄严承诺。它将完成全球最高的碳排放强度降幅，用历史上最短的时间实现从碳达峰到碳中和。

而这种大格局大事业的底层逻辑，其一是出发点，就是《论语·学而》"君子务本，本立而道生"，也是当今企业界常常挂在嘴边的第一性原理。其二是在执行时需要有战略定力的长期主义，专注、聚焦，少就是多、慢就是快。非唯宏观之国家决策，微观之企业经营亦然。

君子务本之第一性原理是一种演绎思维，源于 2000 多年前古希腊哲学家亚里士多德提出的形式逻辑的思考模式，即在每一个系统中都存在一个或一组最基本的命题或假设，它不能被省略或删除，也不能被违反，欧几里得几何就是基于此项原理而构建的人类第一个科学体系，当今时代它随着埃隆 · 马斯克的成功而被大众所熟知。

埃隆 · 马斯克在一次接受记者采访时分享道：我相信有一种很好的思考架构，就是第一性原理，我们能够真正思考一些基本的原理，并且从中去论证，而不是类推。他的意思是我们绝大多数时候都是类推地思考问题，也就是模仿别人做的事情并加以微调。但当你想要做一些新的东西时，你必须运用第一性原理来思考，打破一切知识的藩篱，回归到事物本源去思考基础性问题，在不参照经验或其他事物的情况下，从物质世界的最本源出发去思考。

作为企业家，基于第一性原理的思考应该是研究行业的本质、行业未来的竞争格局。以光伏行业为例，其本质应是度电成本的不断降低，要降到度电成本与火电、水电持平甚至更低，然后行业根据这个本质来选择技术（薄膜、多晶、单晶），即一项技术如果无法对降本做出重大贡献是不会有竞争力的，哪怕有暂时的产业政策支持或发电补贴。然后据此分析产业价值链的成本结构，光伏发电的核心产品是光伏组件，拆解之后发现电池环节的成本占比 25%、硅片占比 60% 以上，因此降低硅片的生产成本、提升硅片的发电效率，就成为提升光伏发电竞争力的必然选择。再次倒推，推动光伏行业降本增效的主力环节是硅片制造，而硅片的制造成本主要是在硅棒的拉晶和切割工艺上，当时这些关键技术全部掌握在外商手中，成本居高不下，如果这个环节的生产工艺能够国产化，那么依靠中国制造的强大能力，成本将有大幅降低的可能性，于是研发与创新的方向就找到了。

其二是基于战略定力的长期主义。“书痴者文必工，艺痴者技必良”，一旦选择了一个经营方向，需要很久才能看到成果，所以要能够坚守，要选择长期主义的聚焦战略，板凳坐得十年冷，专注于主业，做时间的朋友，通过时间的积累，为客户创造可持续的价值，杜绝与主业无关的利益诱惑。

亚马逊创始人杰夫·贝佐斯在其《长期主义》一书中说道，衡量企业成功与否的一个最基本的标准，便是其创造的长期价值，即投资决策要基于长期市场领导地位来考虑，而不是短期的盈利或华尔街的短期反应。

想做到长期主义，要有此项价值理念：一方面要有稳健的经营手段，因为长期主义需要有足够的物质保障，即稳健高效的经营策略，控制经营和财务风险，决策时谨慎，不被短期利益或困难所迷惑，一旦做出决策，执行时应迅速推进；另一方面，任何企业终归熵增衰亡，所以一个企业的长期主义最终要形成稳健经营与创新驱动的双轮业务结构，做到持续稳定的盈利、创新以及良好的客户满意度，从而为客户、为企业、为产业、为国家、为社会创造真正的可持续价值。

珈维是长江商学院 EMBA 第 32 期 4 班学员，他就是践行君子务本之第一性原理和战略定力长期主义的佼佼者。2018 年上课时他就给我留下了深刻的印象，之后我们每年聚会一两次，诗酒人生；他的企业十年庆典还邀请我去做主题演讲，可惜因课程冲突而未能成行；2022 年上海疫情封城期间和我通了长话说正在构思写作一本书，等到写好之后请我作序，祝贺珈维。

最后不妨引《礼记 · 中庸》首篇："喜怒哀乐之未发，谓之中，发而皆中节，谓之和；中也者，天下之大本也；和也者，天下之达道也。致中和，天地位焉，万物育焉。"宇宙人生，此之谓也。

是为序。

学者、诗人、极客

长江商学院 / 北京大学 / 复旦大学 EMBA 创新课程教授

2023 年 5 月 18 日

自序

2022年，全国多个城市陆续封控，从3月底开始，上海也开启了封控模式，社会运行按下了暂停键。医疗科学的发展赶不上病毒变异的速度，人类在微小的病毒面前依然不堪一击。封控在家的那段日子，我常常在思考，这些危及人类健康的病毒从何而来？是人为制造，还是气候环境反常的产物?

最近这些年，随着全球变暖，气候反常现象愈加频繁，极端高温、森林火灾、台风频发、沙漠下雪、海啸地震、冰川融化等，这些极端情况已经严重威胁到了人类的正常生活。

更令人感到紧张和焦虑的是，冰川融化带来的不仅仅有极端天气和海平面上升这些现象，它还会带来更为严重的后果，那就是病毒的活跃。

2015年，科学家们就在西伯利亚3万年前的永冻土块中，发现了炭疽杆菌。其可通过空气和水源传播，一旦被感染，皮肤就会形成黑色水泡，不及时治疗就会死亡。

我们的地球怎么了？人类怎么办?

大学期间我学的是临床医学专业，上大学时我曾经梦想将来能成为一名医术高明的专家，为人类祛除病痛，没想到毕业后我到医院仅工作一年就被组织调整到机关，从此开启了7年多的行政机关工作。2010年，正好赶上了国家鼓励事业单位干部脱岗创业，于是，我辞去了大学老师工作，走上了创业之路，干起了建筑节能这个行当。虽工作履历发生了几次大转折，但是医学学习期间的严谨，治病须治根、透过现象看本质的思考方式一直影响着我，也成为我多年的职业习惯。

深入研究气候反常现象背后的原因很重要。你想象不到，全球气温升高1.5℃，地球将会怎样；你想象不到，假如夏天持续高温，一年四季气候变化异常，我们的生活将会怎样；你想象不到全球变暖，冰川融化，北极熊将无家可归，整个物种的生态将会怎样。一切都不是危言耸听，都和我们的生活、我们的亲人、我们的国家、整个世界密切相关。

在那段封控的日子里，我有了写这本书的想法，我想通过这本书告诫世人气候变暖已经危及人类的生命健康安全，低碳转型是必由之路。我还想通过这本书呼吁大家携起手来一起拯救发烧的地球，拯救我们人类自己！

虽然和身边的人交流气候变暖、建筑节能等话题已经习以为常，但这次写书，我还是鼓起了很大的勇气。我不是建筑节能专家，更不是气候变化专家，我只是一个建筑节能行业的从业者。所以，书中所讲之处，如果觉得有道理，就当是知识普及，我也只是做了资料整理工作；如果书中的哪些内容讲得不对，还请大家多给批评意见，我会虚心接受。

双碳战略，听起来像是国家战略，和自己没有关系。碳达峰、碳中和，听起来像是专业术语，和自己没有关系。但其实这一切都和我们相关。这本书，我希望用通俗易懂的讲述方式介绍引起地球气温上升的主要原因以及人类应采取什么措施控制气温上升，我还会以建筑节能从业者的身份告诉大家建筑节能在降低社会碳排放中发挥了哪些重要作用，并告诫大家减碳行为对于促进整个社会低碳转型多么重要。

当然，身处上海临港，我亲眼见证着临港的飞速发展，我还会告诉大家一个我看到的绿色低碳新城是怎么规划建设、怎么成为城市绿色发展的排头兵的。

书中也会提及君旺大厦项目，这是我和团队历时 3 年艰辛打造的华东地区单体办公面积最大的超低能耗建筑项目。作为绿色建筑从业者，我会告诉大家绿色建筑的设计原理以及居住体验，衷心希望绿色建筑在顺应国家双碳战略的发展趋势下，更能以居住者为中心，打造低碳、健康、舒适的共享空间。

在这本书的最后，我也畅想了“退烧”后低碳社会的美好画面，期待在我们的有生之年也能享受到那样的生活。

我相信，人类的智慧和能力一定能够拯救发烧的地球。

是为序。

君旺集团董事长、创始人

2023 年 7 月 6 日

推荐语

（排序不分先后）

作为一名企业家，能有如此认知及使命、担当，让我心血如潮，“地球兴亡，匹夫有责”八个字涌上心头。关于地球发烧，我也曾到处寻医问药，有三个“病症”很是可怕：一是阿尔卑斯山、乞力马扎罗山上的冰雪融化，由白变黑，热吸收增强，热反射变弱；二是永久冻土层开始融化，二氧化碳、一氧化碳、甲烷等大量溢出，更可怕的是还有各类病毒复活；三是北极海底开始漏气，大量的甲烷溢出，要知道甲烷的放热是二氧化碳的 14 倍。

再细读习珈维先生的《拯救发烧的地球》一书，我更深刻地洞察到，拯救发烧的地球，匹夫有责。

边书平

哈尔滨森鹰窗业股份有限公司董事长

建筑从业者笔下的气候变化和碳话题，是不一样的视角和洞见，书中文字更是亲切朴素，这都源于习珈维先生的躬身力行，我更认为这本书是他践行企业社会责任的宣言书。这本书我是一口气读完的，相信其他读者也会如此。

崔国游

五方建筑科技集团董事长

《拯救发烧的地球》是习珈维先生在 2022 年疫情期间完成的，

集中体现了他在低碳行业中长期的思考，融入了君旺集团在该行业中大量的实践，是小结，是低碳应用思维的普及，是一部引领低碳行业创新发展系统思考的力作。

低碳，已融入了君旺集团的灵魂，更承载着临港发展的未来。

陆颖青

上海临港新片区投资控股（集团）有限公司董事长

文字是人类展现思想的重要方式，所以俗话说“文如其人”。珈维这本书，让我对他的认知更完整和全面了。建筑领域比较专业，建筑的节能与健康更加小众，我在这个细分领域工作了20年，一直没有看到特别好的书，《拯救发烧的地球》让我眼前一亮。珈维以个人的经历，放眼全球气候问题，与自己的事业结合起来，再加上君旺大厦全过程打造落地，把所感所想展现在读者眼前，深入其心里。虽然只是芸芸众生中的一个声音，却影响了许多人来关心人类的可持续发展与自己的社会责任，我认为善莫大焉!

谢远建

朗绿科技首席技术官

中国建筑节能协会副会长

我国建筑节能发展至今，已迈向高品质、高性能、深度节能减碳的阶段，建筑节能也从能的减少，发展到碳的控制，进入能碳双控阶段，“绿色 · 低碳”已成为我国建筑行业发展的大趋势。在这样的大背景之下，《拯救发烧的地球》一书应运而生。习珈维先生用自己的专业知识在书中回应了建筑行业的“碳中和”，从医者的角度出发，“诊断”地球“发烧”的病因和病症，并以君旺大厦的低碳建造为例，提出解决方案，展望美好愿景，这不仅是一本低碳发展科普书，更是行业低碳践行手册。

纤纤不觉林薄成，涓涓不止江河生。习珈维先生带领的团队长期从事建筑保温材料与高性能门窗的研发和应用，是推动我国超低／近零能耗建筑发展的重要力量。行业一片蓝海，诸多行业同仁各显其能，同心勠力，寻求更高效的途径，助力建筑行业实现双碳目标。

徐伟

全国工程勘察设计大师

中国建筑科学研究院有限公司首席科学家

医者仁心，作者以医生的视角，审视气候变化给地球带来的种种反常，发出“谁来拯救发烧的地球”这一灵魂之问。

达者善事，悲天悯人不如率先垂范，践行双碳目标时不我待。君旺集团作为一个节能建材制造企业，不仅以其产品促进建筑节能减碳，还通过其公司总部君旺大厦的低碳建造，探索践行公共建筑超低能耗的实施路径。期待君旺在应对气候变化的征途上，化危为机，成为助力全社会双碳目标实现的生力军。

徐强

上海建科集团股份有限公司资深总工程师

中国建筑节能协会副会长

《拯救发烧的地球》是习珈维先生的奋斗史，也是中国双碳战略普及的专业书。这本书从现象、洞察、行动、拯救、案例、意识和愿景七个部分进行低碳建筑与双碳目标的深刻关系的梳理与应用。毫无疑问，这是一本含金量极高的书，人文中透着责任，使命中透着愿景，是中国低碳发展的教科书，也是低碳企业应该深读深思的书。习珈维先生的著作充满了公益精神，这本书闪烁着向善的力量。我很愿意推荐。

张默闻

张默闻策划集团创始人

气候变化是当今人类面临的重大全球性挑战，全球气候变化影响着每一个人，应对气候变化不仅仅需要政府行动起来，也需要我们每个企业的转型，以及每个人在衣食住行用等日常生活的各个环节行动起来，挖掘节能减碳的潜力。君旺集团创始人及董事长习珈维先生撰写的《拯救发烧的地球》，从全球变暖的现象分析与洞察其产生的原因出发，结合未来中长期社会构建的愿景与自己创业的经历，深入浅出地以位于上海滴水湖畔的君旺大厦为案例，介绍了建筑业助力国家双碳目标的方案与自己的减碳实践。

其实，《拯救发烧的地球》一书的本质是展现如何利用产业转型和个人绿色生活方式拯救人类自己。习珈维先生本人长期从事建筑保温材料与高性能门窗的研发与生产，他创立的君旺集团涉及的业态、产品与实际的案例分析，对推动我国被动式超低能耗建筑的发展有重要的促进作用。推广被动式超低能耗建筑是我国建筑业实现碳中和的重要抓手之一，它可以在保证建筑室内舒适性能的同时，大幅降低建筑热负荷，从而达到节能减碳的目的。被动式超低能耗建筑的发展可以带动建筑保温体系、建筑气密性、高性能门窗、新风、遮阳和机电系统等建筑行业全产业链的提升。

张旭

同济大学暖通空调研究所博士、教授

中国制冷学会空调热泵专委会副主任

目　录

第一章

现象

为什么说地球发烧了？

人发烧了会全身无力，没精打采。有谁想过，如果发烧的不是一个人，而是整个地球，又会发生怎样的情况呢？地球发烧了会变得非常狂躁，如南北极冰层融化、海平面上升、不正常的干旱及暴雨、沙漠化现象扩大，类似的现象会层出不穷。

更糟的是，这些现象正在逐年加剧：在巴西，全球最大的湿地之一潘塔纳尔湿地遭受到了50年来最严重的干旱；美国的火灾情况是过去18年间平均水平的“数十倍乃至数百倍”；频繁产生的飓风，多到连世界气象组织每年准备的21个命名都快用尽了；2022年全世界范围内高温预警频发，40℃、45℃已经成为普遍现象；有人说，2022年是50年以来最热的一年，也有人说，2022年将是未来10年甚至更长时间内最凉爽的一年……

拯救发烧的地球，已经刻不容缓。

ONE

01／温度的意义

我小时候生活在农村，每当夏天夜幕降临，我就会躺在院子里的凉席上仰望天空数星星。神秘的宇宙星空，让人向往、让人浮想联翩。我总是幻想着天空中牛郎织女的浪漫、嫦娥奔月的凄美。后来慢慢长大了，知道了宇宙之广袤、星系之繁多，更知道了人类之渺小、生命之可贵。

宇宙中不同的星球表面的温度大相径庭，无论地球、月球，还是太阳、冥王星，都是因为空间位置的不同，而温度相差甚远。在太阳系中，冥王星表面温度低到 −240℃，水星表面平均温度高达200℃，而太阳表面温度高达6000℃[①]。科学家至今没有明确地发现地球外星球生命的迹象，我们只能推测，在我们的认知范围内，唯有地球，生命不息！

生命不息，适宜温度不可缺。太阳表面温度高达6000℃，它发射的电磁波波长很短，称为太阳短波辐射。而地球表面在接收太阳

① 太阳和太阳系各行星温度的测量是采用辐射热测定器来实现的。

短波辐射增温的同时，也会因向外辐射电磁波而降温。地球表面的温度较低，发射的电磁波波长较长，称为地面长波辐射。根据热力学定律，可以计算出地球的地面平均温度应为 −18℃。

但是，因为有大气层，短波辐射和长波辐射在经过地球时的遭遇是不同的。大气对太阳短波辐射几乎是透明的，但却可以强烈地吸收地面长波辐射。在吸收长波辐射的同时，它自己也会向外辐射波长更长的长波辐射（大气的温度比地面更低），其中向下到达地面的部分称为逆辐射。地面接收逆辐射后就会升温，这就是说大气对地面起到了保温作用。

所以，地球表面平均温度才能达到约 15℃，在这个温度下，物质进行着各种化学反应，或分解或重组，山川、河流、绿树、红花……一个美好的世界由此而诞生。

春夏秋冬，一年四季，我们感受着不同的温度。地球不同区域的温度随着距离太阳的远近而发生变化。我们感受着季节的变化，享受着气候的滋润。

众所周知，我们赖以生存的陆地被水四面包围，地球上水的占比高达 71%，不同的温度区域，分布着不同的生物。任何生物都是在一定温度范围内活动的，温度也是环境对生物的影响最为敏感的因素之一。

一旦温度失去应有的平衡状态，地球将会出现很多不可预测的极端性气候，如全球性气温升高、大面积干旱、大面积强降雨、海上频繁出现飓风和海啸等自然灾害。

TWO

02／人类对大自然的依赖与反作用

我的家乡位于陕西关中地区，相传这里是华夏文明早期重要的发源地之一，在广袤无垠的关中平原腹地，孩提时代的我便领略过渭河的大浪淘沙与秦岭的威严耸立。小时候我时常在想，那些鬼斧神工的自然奇观，一定不是出自人的手笔，只能是上天的礼物。对大自然的敬畏，大概从那时起便在我的心底萌发。

对于地球来说，人类其实很渺小。是地球带给我们所有生命赖以生存的共同家园，而我们不过是地球生命的沧海一粟。然而，也正是地球上渺小的人类，开创了地球文明前所未有的辉煌。

人类的出现，不得不说是宇宙生命的奇迹。人自进化以来，就对地球上的能源和资源充满了无限的向往。而且，人类一直走在探索资源的道路上。资料显示，公元前 77 万年以前，人类懂得了用钻木取火来获取热量，公元元年前后，中国人率先采集了一种叫作燃水的物质用来照明，当然，若干年后人们把它称为石油。到公元 200 年前后，欧洲人在溪流上建造水轮车，用以产生动能。17—18 世纪，人类从煤炭中发现了提炼焦炭的方法，煤炭开始成为主要的工业燃料。随后的 19 世纪，石油、电力、天然气等能源，逐渐被人类所开发利用。1892 年，人类第一次使用地热为房屋取暖。1950 年，苏联和美国为了争夺世界霸主地位，先后加大对核能源的开发，不断建设核能发电站。

人类到底为什么要不断开发新的能源呢？我想那无外乎是为了更好地满足我们人类享用地球、享用大自然的需要。所以，能源、矿石、森林、海洋、土地，以及各种动植物，都成为人类竞相追逐的重要资源。

随着科技的不断发展，人类充分运用资源创造了巨大的辉煌并取得了无限的成就，无论是今天随处可见的楼宇场馆，还是随时可用的智能工具，抑或是思想与文化，都达到了有文字记载以来的新高度。

近些年，越来越多的人开始探究人类文明与地球的和谐共生之道。随着年龄的增长，我也更喜欢哲学类的读物，我意识到，人与自然的关系，应该是辩证统一的关系。人与自然相互联系、相互依存、相互渗透。人由大自然脱胎而来，本身就是大自然的一部分。

人与自然的关系，经历了三个阶段。在人类文明和社会早期，人是受制于自然界的，只有靠自然界提供的现有物质资源维持生存。到了农业时代，人类开启了对大自然征伐的第一步，开始学会利用自然资源，耕种、放牧、捕鱼、狩猎，这些都是对大自然的利用。

到工业文明时期，人类的科学技术得到了突飞猛进的发展，人类适应自然的能力也越来越强，这时候，人们开始竭尽一切地利用甚至想征服大自然，于是很多东西超出了自然界的承受限度，破坏了生态的平衡。

人类发展对地球资源产生了过度依赖，目前的地球，似乎已经变得千疮百孔。冰川融化、全球变暖、海洋污染、土地荒漠化、物种灭绝、地球生物的多样性减少……人类对地球的种种行为，终于导致大自然的剧烈变化，这其中影响最大最为深远的就是全球变暖，即大家熟知的温室效应[①]。这让我们不得不开始反思地球与人类、大自然与人类的关系。

我们知道，地球上很多能源，如煤炭、石油，都是不可再生资源[②]，如果再一味地对这些资源进行掠夺和争夺，再肆无忌惮地大量燃烧，地球的温室效应就会越来越严重，人类未来势必会招致大自然更大的惩罚，人类终将有一天会失去自己的家园。因此，探测和开采可再生能源，减少化石能源的燃烧使用，控制温室气体的排放，才能减少对地球环境的伤害，这是人类迫在眉睫的重大课题。

人类能否发现新的能源呢？答案是肯定的。举例来说，我们知道，地球只是浩瀚宇宙中的一颗小小行星，它与周围的星球有着密不可分的联系，在不断探索中，人类发现太阳作为太阳系的中心，蕴含着巨大的能量，还发现太阳在通过核聚变反应释放能量的过程中，其能量可以被收集、储存和转化，于是太阳能便为人类所掌握和使用。同样地，风能也是人类在近些年来发现的可使用的新能源

---

① 大气能使太阳短波辐射到达地面，但地表受热后向外放出的大量长波辐射却被大气吸收，这样就使地表与低层大气温度升高，因其作用类似于栽培农作物的温室，故名温室效应。

② 不可再生资源是指经人类开发利用后，在相当长的时期内不可能再生的自然资源。

之一。

我还了解到，人类运用天文工具观测到，在太阳、地球和月球之间，存在神秘的天体引力，受日月引潮力作用，地球会时常发生潮汐现象，人们将海洋涨潮与落潮的动能进行转化，实现了对潮汐能的利用。

种种新能源、可再生能源、清洁能源的发现和使用，让我意识到，其实以人类的智慧，不是不能和大自然和谐共处。遗憾的是，人们在反思自身行为的过程中，截至目前，并未停止对大自然的肆意破坏。这不但危及人类自身的生态安全，也会连累地球上的其他生物，因温室效应造成的冰川融化、森林植被减少等现象，正在加速物种的灭绝，地球的动植物系统正承受着前所未有的压力。

人类的出现，本来是人与大自然共同的福祉，但由于人类永不满足的欲望，大自然受到了不可估量的伤害。出现这种现象让人感到非常失望，在这场全球性的考验面前，全体人类应该有足够的危机意识，人类要想更好地发展、更好地生活，为现在的自己也好，为子孙后代也好，都必须要克制，要和谐发展，要遵循大自然的规律。

未来一段时间，如果人类还不控制自身的欲望，地球的生态系统将面临崩溃，不仅其他生物的种类和数量会减少，人类也会面临因气候变暖而引发的各种复杂的天灾和人祸。我们要时刻谨记，地球不仅仅是人类的地球，也是所有生物的地球，我们一定要爱护它。

THREE

03／大自然的怒吼，地球发烧的主要自然现象

英国《金融时报》报道，过去一个世纪以来，因温室效应，地球变暖了接近1℃[①]。可能有人觉得这1℃不算什么，可是放到全球而言，它带来的变化就是显著的；而且，如果1℃恰恰是发烧的分界线，那么正说明我们的地球“病了”。

地球发烧的重要表现就是极端天气的频发。回想2022年年初，世界各地的种种恶劣天气就已经预示着那注定是极不平常的一年。仅仅在2022年年初，天灾便开始接二连三地出现。

1月初，日本北海道地区遭遇暴雪袭击，一些城市的积雪在短短6个小时内就达到20厘米，部分地区积雪厚度达到了惊人的80厘米；在北美洲，当时的冬季风暴席卷了美国东部，华盛顿1月3日迎来了有史以来的最高降雪量，飞机停飞、学校关闭，数千人面临断电与停止供暖的危机；在东南亚，印尼苏门答腊岛的113个村

① 英国《金融时报》的数据源自美国国家航空航天局（NASA）。NASA测定自1880年到1975年，地球平均温度上升了0.8℃。

落因水灾被浸泡在水中，超过 4 万人撤离家园；在非洲，大部分地区更是面临极度干旱……

随便翻阅一下新闻报道，近几年世界各地出现的极端天气便会逐一展现在眼前。虽然没有亲身经历，但是新闻报道中的文字和图片足以让我们内心震撼，甚至担心、害怕，我们的未来将面临怎样的处境？

现象1：美国西海岸野火肆虐

无独有偶，2022 年 8 月在美国开始的山火，根据美国国家消防机构的统计，当时至少有 11 个州发生了 87 起野火。

欧盟哥白尼大气监测局的卫星数据显示，2022 年美国的火灾情况是过去 18 年间平均水平的“数十倍乃至数百倍”。火灾发生后不久，美国山火产生的烟雾就已经越过大西洋到达了北欧。

就在美国山火肆虐的同时，2022 年初，大西洋沿岸自 1971 年以来首次出现同时存在 5 个热带气旋的现象。频繁产生的飓风，多到连世界气象组织每年准备的 21 个命名都快用尽了，这份名单上当时仅剩一个“威尔弗雷德”还可用。如果还有飓风，就只能使用希腊字母来命名了。

现象2：全球多地遭遇极度干旱

2022 年，欧洲、北美洲、非洲等多个地区遭遇极度干旱。一些欧洲国家的降水量一度跌破有记载以来的历史纪录。

西班牙绝大部分水库蓄水量不足40%，低于近10年以来的平均水平。意大利的北部出现了近70年以来最严重的干旱气候，该国的最大河流波河水位变得极低，接近干涸。美国最大的棉花种植地区得克萨斯州，近57%的面积遭受极度干旱。

位于非洲东部的非洲之角，在2022年也经历了10年来最严重的旱灾。索马里的主要河流朱巴河，水位创1957年以来最低纪录。更严重的是，非洲其他地区由于大部分河道几近干涸，水资源大量减少，一些地区的粮食产量甚至下降了60%~70%，约1840万人口面临严重饥饿。

现象3：逐渐融化的北极海冰

2022年，除了山火与飓风肆虐，北半球也出现了有记录以来最热的夏天，俄罗斯远东地区的北极圈内气温达到了令人吃惊的38℃[①]，北极海冰趋向历史最低点。全球多个国家，在2022年面对的要么是数十年一遇的干旱，要么是数十年一遇的洪水。

伦敦大学73岁的气候科学教授拉普利说："41年前，这些都是我们推测可能会发生的事情。我认为没人能想到，在我们有生之年会看到这些事情发生。"很显然，在这位老教授看来，糟糕的事情比预计来得更早。而这仅仅是地球温度升高1℃带来的变化。根据科学家的预测，如果大气温度上升2~6℃，那么南极冰帽将基本消失，海平面将上升4~6米，很多沿海城市将不复存在。

---

① 常年以来，北极圈夏天7月的平均温度在20℃，38℃的温度是世界气象组织在一场异常持久的西伯利亚热浪中观测到的。

诸如此类的现象有很多，或许是真实的、正在发生的身边故事，或许是科学家的预测。但是，我相信，这绝不是电影。

人类怎么办？这是与每个人息息相关的话题。人体在受到外来细菌或病毒的侵袭时，会用发烧的形式来“烧死”有害入侵者。那么地球呢？如果我们脑洞大一些，做个类比，地球的发烧是在清除“有害生物”吗？人类如果继续肆无忌惮地排放温室气体、污染环境，是否会危害地球整体的生态系统？

牛津大学环境变化研究所所长弗里德里克·奥托说：“我们人类社会真的只适应一小部分可能的天气。”言外之意，如果地球的极端天气再发展下去，人类就难以适应了。中国科学院院士丁仲礼若干年前在接受媒体采访时曾表达过，地球其实不需要人类拯救，人类真正应该拯救的是自己。因为无论气候如何恶劣，地球一直都会存在。

是的，地球不需要拯救，人类也没有能力拯救地球，我们所有人都要有一个清醒的认知，我们为保护环境所做的一切是在保护我们自己，保护我们的亲人和朋友，需要被拯救的是我们人类自己，是我们自己赖以生存的家。因为这一切都和人类的行为有关。人类可以做的是，改变自己的行为。究竟有哪些行为可以导致地球发烧呢？也就是我们的环境存在哪些问题呢？

地球适合人类生存的环境何其珍贵！自然灾害频发对人类而言就是一次次的预警。我们现在如何去做，决定了未来人类面对的是狂风暴雨还是鸟语花香。

2015 年年底，190 多个国家和地区的代表在巴黎气候大会上通过了应对全球气候变暖的前所未有的协定——《巴黎协定》[①]，旨在减缓全球变暖的步伐，并首次要求所有国家限制本国的温室气体排放。

2017 年，美国总统特朗普宣布美国退出《巴黎协定》。

美国退出《巴黎协定》，置全球携手保护环境而不顾。即便是面对美国西部肆虐的山火，美国一些政客也能无视科学，调侃着“天马上就凉快了”，好像科学家对气候变暖的担忧是杞人忧天。

天气终究会凉快。

但是如果那些拥有巨大资源和权力的美国政客头脑不冷静下来，为保护地球做出实际努力，谁能保证未来的地球不会让人类经历更大、更多的水与火的考验呢？

地球真的发烧了。

火灾和飓风不断出现，背后的原因正是全球气候变暖。更为严重的是，人类还在加速向大气中排放温室气体，因全球气候变暖而带来的自然灾害正在变得越来越多，越来越恶劣。

① 世界各国在 2016 年签署的气候变化协定，长期目标是将全球平均气温较前工业化时期上升幅度控制在 2℃以内。

FOUR

04／人类已经开始为气候变暖买单

回过头来看 2022 年，相信“多事之秋”是对它很贴切的一种形容。

除了自然灾害频发，其他灾难也在变本加厉，本以为经历了 2020 年和 2021 年这两年伤痛的洗礼，这个世界会逐渐好起来，但是 2022 年的世界依然笼罩在阴影之下。

每一次发生的灾难都会不可避免地对经济与社会造成深远的影响，人们的生活也会受到极大的影响，收入减少、消费疲软、失业等情况屡见不鲜。

此次灾难如此长期肆虐和反复，令人不得不重新思考其背后的深层次原因。2020 年 5 月，英国的《自然》杂志发表的论文指出，随着全球气候变暖，许多物种被驱赶到新的环境，一起到来的还有它们的寄生虫与病原体，而这些都有可能给人类带来致命的威胁[①]。

① 非典、中东呼吸综合征，这两种由冠状病毒导致的传染病均极有可能来自蝙蝠。而蝙蝠物种的丰富程度又受到驱动物种地理分布的气候条件的影响。

2022年，新型冠状病毒感染疫情持续在全球肆虐，当时越来越多的“人祸”也在接二连三地发生。

2月，欧洲局势风云突变，俄罗斯对乌克兰采取了特别军事行动，欧洲多个国家不同程度地卷入其中。在冲突乌云的笼罩之下，不仅仅是参战国，世界上很多国家的政治、经济以及社会生活都受到了不同程度的影响[①]。

5月，联合国粮食和农业组织发布的《全球粮食危机报告》指出，俄乌冲突直接加重了本就存在的世界粮食危机。同时，这份报告还提及，除了俄乌冲突，极端天气也已经成为全球粮食不安全程度急剧上升的最关键因素之一。

无论天灾还是人祸，似乎都与气候变化有着密不可分的关联。气候变化不仅在世界范围内造成了巨大的影响，致使全球各地发生了许多引人瞩目的大事，同时也在悄然地影响和改变着我们每个人的工作、事业和生活。

6月，炎热的夏季来临，全球多地出现了100多年以来的最高温度。美国最大的水库，因高温以致水位下降近一半，水库周边的水利电力供应受到影响。南美洲部分地区，连续10天下大雨，引发了洪水和山体滑坡，造成当地100多人死亡。如果是一个地区短时间内出现的极端高温现象，可以将其归为一种自然天气现象，但如果是多个地区频繁出现类似的极端高温事件，就不得不说这是全球变暖的结果。

---

① 联合国秘书长古特雷斯在俄乌冲突进行到第四个月的时候称，这可能会对改善全球变暖的目标产生重大影响，特别是如今许多国家使用煤炭或进口液化天然气以替代俄罗斯的能源。

由于工作原因，我经常和房地产企业打交道，对于一个在建项目而言，能否按时高标准交付业主至关重要。但受气候变暖的影响，近两年来的项目施工难度大大增加。首先是天气越来越热，夏天频繁出现连续多日的高温，长时间酷热难耐的条件对项目施工来说是非常危险的，这就迫使项目施工方不得不缩短工作时长，这样便极大地影响了工程进度。其次，由于气候变暖，自然环境中的热量平衡被打破，导致大暴雨、强降雪等极端天气的频繁出现，这时候往往就会停工。为了确保工期，项目施工方不得不在平日增加人工、加班加点以确保工期按时完成，而在这个过程中必然会增加成本投入，影响项目品质。

如果仅仅是给项目交付带来一些困扰也没关系，开发商可以通过许多商务手段或者其他渠道来避免效率上和收益上的损失。但从目前来看，极端天气还带来了很多已经建成项目的质量问题，准确地讲，应该是提早暴露了项目外立面质量的问题。近几年，全国各地因台风、暴雨等天气导致房子外墙脱落、渗水等问题频发，已经严重影响到了老百姓的居住安全。

所以说，气候变暖的连锁反应早已经渗透到人们的衣食住行当中。我们经常会在新闻上看到“国际油价继续大幅上涨，国内汽油、柴油零售价格随之上调”等类似的报道。现在，汽车早已经是普遍的交通工具，每个开车的人最明显的感觉是，我们似乎不定期都会收到汽油价格上涨的消息。2022 年年初，原油价格上涨导致国内汽油价格刷新历史纪录。

汽油是从石油中提炼出来的，而影响石油价格的因素有很多，人们比较熟悉的主要有产量、供需比例、战争、美元利率以及开采成本等。但很多人不知道的是，石油价格的涨跌与气候变化也有着密切关系。

首先是因全球气候变暖而产生的高温和恶劣天气会在一定程度上影响石油的产量和供给，如影响石油开采效率，或者对石油生产设施造成破坏，进而在短期内影响石油的价格。另外，欧美许多国家都用石油作为取暖的燃料，天气越冷对石油的需求就越大，这自然也会带动原油和其他油品的价格变化。

由气候变暖带来的化石能源供给上的巨大变化，令人们不难想到能源的另一大领域，也就是电力，近年来，国内的供电也出现了很多不寻常的状况。

2021 年下半年，广东、云南、浙江、江苏、安徽、山东、黑龙江、吉林、辽宁等地陆续发布限电令，限电范围和规模都可以称为“史上之最”。其实早在 2021 年上半年，有些地区就已经开始拉闸限电了，但刚开始的范围和要求都没有那么严。比如广东，5 月开始“开五停二”，6 月就升级为“开三停三”，9 月则变成“开二停五”“开一停六”，甚至有一段时间升级为全面停止工业生产。云南省也是从 5 月的错峰限电 10%~30%，升级为 2021 年年底时的限电 90%。这些只是工业领域的限电情况，随着“东北限电”登上热搜，限电范围更是扩大到居民用电，一时间限电成为老百姓非常关注的话题。

如果我们深挖拉闸限电背后的原因，会发现很大程度上是气候变暖带来的连锁反应。虽然电能的产生有很多途径，如风力发电、水力发电、太阳能发电等，但是火电始终是全球电能来源的最重要方式。截至 2021 年，中国火电占比超过 73%，美国将近 64%，日本和印度的火电占比更高达 82%。火力发电中最主要的途径就是煤炭发电。我们知道，各国为了遏制全球气候变暖，要减少二氧化碳等温室气体的排放，因而火力发电燃烧煤炭的体量是一定要下降的，一旦降低火电比例，如果更清洁的发电模式无法及时补上火电的空缺，限电也就在所难免了。

直至今天，在全球气候变暖这件事上，人们有了越来越多、越来越细致的发现。有调查统计表明，甚至连飞机晚点都和气候变暖有着非常密切的联系。

美国《气候变化》杂志发表了一篇研究论文，称未来几十年，全球变暖造成的气温上升和热浪，可能导致全球 1/3 的航班滞留机场。其中，纽约拉瓜迪亚机场和迪拜国际机场，因为跑道较短，以及本身的高温，会受到极大的影响。

为什么全球变暖会跟飞机晚点有关系？根本原因在于气温越高，飞机越难以产生上升动力，因此，必须减少载客量，限制货物或燃料重量，以保证飞行安全，有的航班甚至会因此被取消。

就这样，气候变暖已经影响到人们生活的诸多细微之处。过去的 20 多年里，地球气候有精确记载以来，出现了有史以来的最高温度，其中，世界气象组织（WMO）统计的数据显示，2015—2018 年是气温最高的 4 年，一年比一年热。近几年，在卫星测高记录中，海平面一直在升高，并且在加速升高，全球变暖在不断加剧。

近年来，异常的高温肆虐全球，多个地区的温度持续刷新历史纪录。据美国国家海洋和大气管理局统计，2021 年 6 月是美国 127 年以来最热的一个月。而中东科威特的气温甚至突破了 70℃。彼时，科威特的街道上空无一人，即使在阴凉地带，最低温度也达到了人们难以忍受的53℃，连红绿灯都没有逃离被晒化的命运。在北非，阿尔及利亚的一头骆驼热晕在路边，因为当地气温高达60℃。世界气象组织认为，2021年，中东地区的这股热浪极其异常又极度危险，据不完全统计，这次高温导致近千人死亡。然而气象学家称，最高气温还没有来临。

当看到这些因气候变化带来的触目惊心的自然灾害和极端天气时，我越来越深刻地意识到，地球真的开始发烧了。气候变化带来的种种困扰以及大自然发出的怒吼，都是因地球发烧而造成的危害。这些危害，关乎地球上的每一个物种，也同样关乎每一个国家和我们每一个人。

第二章

洞察

地球为什么会发烧？

自从工业革命以来，地球表面平均温度已经上升 1.02℃，这也是有记录以来地表平均温度升高首次超过 1℃。预计到 2100 年，全球气温估计将上升 1.4~5.8℃。地球是我们所有生物赖以生存的唯一家园，地球的一点点变化，都会对我们的生活产生重大影响。要想解决地球变暖问题，就要找到地球变暖的原因。

造成二氧化碳变多的原因有很多，众所周知的有石油、煤炭、天然气等化石能源的燃烧，还有树木的焚烧也会产生大量的二氧化碳，人类衣食住行所产生的二氧化碳量也相当多。本章我们将讨论人类的生活生产对地球变暖造成的影响。

ONE

01／化石能源的燃烧如何左右地球热平衡

狄更斯的《双城记》里最著名的一句话是 ：“这是最好的时代，这也是最坏的时代。”我觉得用它来形容全球工业革命以后的这 300 年时间，再贴切不过。

每次想到工业革命，我总会不由得想起 2012 年伦敦奥运会开幕式的场景，英国人把工厂的巨大烟囱和水车在场馆里加以展示，以此凸显他们的自豪感，在英国人看来，是他们把工业革命带给了世界，由此开启了人类现代化的进程。

那时候的英国，其革新技术的代表有珍妮纺纱机、水力纺纱机，当然，还有最重要的瓦特改良的蒸汽机。有了蒸汽机，随之而来就有了蒸汽轮船和火车，因此，人们把第一次工业革命叫作蒸汽时代。蒸汽机的广泛应用，使工业生产和人们的生活发生了彻底的变化。

但是蒸汽机、纺纱机也好，火车也罢，别忘了，它们都要依靠能源来驱动。当今世界的主流论调认为，每次工业革命的开始，都是基于能源系统发生的根本变革，进而引发了一系列技术的更迭。我以前看过英国广播公司（BBC）的一个节目，叫作《为什么工业革命发生在英国？》。在节目中，他们得出的最重要结论是，煤在其中起到决定性的作用。因为英国在当时拥有很多煤矿，这使工业革命中的技术得以在英国很好地推进开来。

18 世纪中叶前，英国煤的年产量是 2000 万吨左右。随着蒸汽机的广泛使用，到 19 世纪末，英国煤的最高年产量达到 1 亿吨。

正如狄更斯的那句话，这场工业革命虽然推动了人类生产生活水平的进步和提高，但它也有负面作用，最严重的是由于其广泛使用而带来的环境污染。影响极其深远的就是，化石能源燃烧会产生大量的二氧化碳，这些二氧化碳逐年累积，导致了温室效应的产生，使地球升温发烧。

对于工业革命的负面影响，英国人描述说："火车冒着黑烟，不仅损害田禾使五谷不生，而且会毒害草地。乳牛听到火车的轰鸣声吓得都不出奶了。"虽有夸张成分，但在当时，的确有这样的记录。由此可见，环境问题，在第一次工业革命时就已经凸显了出来。

当然，雾都的酸雨无法给人们带来更深远的启示，煤炭的燃烧在当时也无法被更为清洁的能源所替代。因此，对于环境保护，彼时人们的意识还是淡薄的。而地球温室效应的提出，必须依靠科学研究加以证实。

作为读者的你，如果对高等数学稍有涉猎，那你一定听过约瑟夫·傅里叶这个名字。他除了是数学家，还是一位以研究传热学为主的物理学家。1820 年，他在研究中发现，如果按照太阳输入给地球的热量，地球的温度不应该像现在这么高——这就是大气层的作用，就像温室大棚一样会起到保温作用。而这一发现，就是我们后来无比熟悉的温室效应。

所以，是先有了温室效应，才有了对温室气体的研究。直到1997年的《京都议定书》的签订，全人类才把温室气体进行了汇总与分类，它主要包括二氧化碳、甲烷、氧化亚氮、氢氟碳化合物、全氟碳化合物、六氟化硫。这其中，二氧化碳是温室气体的主要来源。

众所周知，二氧化碳绝大部分产生自石油、煤炭的燃烧。到了20世纪，和煤炭一样，石油也作为能源被广泛地开采和利用了起来。到后来，它们都有了共同的名字——化石燃料。这些埋藏在地下和海洋下的不能再生的燃料资源，成为整个人类文明近两百年来突飞猛进发展过程中不可或缺的原动力。同样地，化石能源的燃烧也产生出以天文数字计的排碳量。

1860年至今约160年的时间，由燃烧矿物质燃料排放的二氧化碳增长近107倍（表2–1）。自工业革命以来，人类燃烧煤、石油化工产品、天然气、甲烷等燃料，已经导致地球大气中二氧化碳含量增加了25%，300年间增加了1/4的二氧化碳含量，几乎超过了地球生命史上的任何时期①。目前，人类活动每年排放至大气中的碳总量是火山喷发所排放的碳总量的40~100倍，地球的碳循环已经严重失衡了。

在美国，华盛顿大学研究人员米歇尔·达沃拉克及其同事在2021—2022年做了关于碳排放在未来几十年内的模型研究，在现有及替代性排放减缓路径下，预测2021—2080年的温度上升情况，以及过去排放的温室气体带来的连锁反应。

---

① 该组数据来自2018年联合国气候变化委员会发布的“综合多数测定结果”。

表2-1 1860—2020年每间隔20年全球二氧化碳的排放量[①]

年份	全球排碳量／亿吨
1860	3.3
1880	8.5
1900	19.5
1920	35.2
1940	48.5
1960	93.9
1980	195.0
2000	254.5
2020	352.6

研究表明，如果二氧化碳的排放在当下立即停止，仍然有 42% 的可能性，世界平均升温超过 1.5℃，有 2% 的可能超过 2℃。如果等 2029 年后才开始削减排放，会将惯性升温 1.5℃的可能增至 66%[②]。也就是说，如果不对碳排放加以控制，到 21 世纪中期，也就是 2050 年，因全球变暖产生的自然灾害将严重影响人类发展。

2019 年，中国国家气候变化专家委员会和英国气候变化委员会联合编写的《气候变化风险评估报告》同样指出，如不采取紧急行动加快减排，我们将面临无法实现《巴黎协定》制定的到 21 世纪末将全球升温限制在远低于 2℃目标的显著风险。而继续推行现行政策，会使世界处于高排放路径，这将导致 2100 年全球升温 5℃，最坏的情况是，到那时，地球将有 10% 的概率升温 7℃。

自工业革命以来，人类的生产生活水平大幅提高，我们人类的

① 数据来源：世界著名数据统计网站 OurWorldinData。

② 华盛顿大学的研究模型，对何时停止排放二氧化碳会导致全球气温升高的概率，其测算依据，来自联合国政府间气候变化专门委员会的第六次评估报告（AR6）。

文明正在向着一个从未有过的未知高度快速地攀登，因此，这 200 多年来，的确可以称得上是最好的时代。

然而，这个时代，也绝对是充满危机的时代，工业革命以来人类使用的化石能源的累积效应已经在近几年越发明显地体现出来，一些因全球变暖而带来的不同寻常的自然灾害也愈发频繁起来。人和自然的关系，随着化石能源的燃烧和全球变暖的加剧，也达到了空前紧张的地步。

紧张到什么程度？联合国秘书长古特雷斯在美国哥伦比亚大学发表演讲时说道：“我们的星球出现了故障。人类目前正面临着一场毁灭性的灾难，以及全球变暖达到新的高峰，和生态退化至新的低点，可持续发展全球目标的努力遭受前所未有的挫折。”

2021 年 2 月，联合国环境署发布报告《与自然和平相处》，报告指出地球面临的最大危机是气候危机，其次是环境污染危机与生物多样性危机。既然气候危机亟待研究和解决，那么我想从地球发烧与温室气体间的关系入手，思考如何面对未来，是我们最为迫切也最为贴切的路径。

TWO

02／温室气体给地球带来的变化

记得有一年中秋节的夜晚，我独自一人仰望高悬在夜空中的一轮满月，陷入了遐想。我想，在那皎洁的明月上，在距离我们的地平线近 40 万千米的太空中的月球，在数十年前，竟然有人去过上面，这听起来多么不可思议。

1969 年 7 月，宇航员阿姆斯特朗在月球表面留下了第一个脚印，这也是人类有史以来的第一个脚印。这一科技带来的创举，标志着人类探索宇宙和外太空里程碑时刻的来临，不过，除了这些，令我印象最为深刻的，是宇航员在太空拍摄地球的样子。

它蔚蓝、静谧、深沉，在黑暗的太空中，这么一颗蓝色的星球显得格格不入。然而这却是哺育了我们的共同家园，我们寻遍太阳系也找不出第二颗这样的星球，而地球也是目前已知唯一有生命的星球。

为什么是蓝色？是因为海洋。我们从小学习的自然地理知识就告诉我们，地球的组成部分中，海洋占了 70.8%，陆地只占 29.2%，也就是说，其实，地球的绝大多数组成部分是水。

我相信大多数人在孩提时代了解了地球上的海洋占比后，都会发出疑问：为什么叫地球而不叫水球呢？我想，被叫作地球，大概是因为海洋虽然占绝大多数的面积，但地球从本质上来说仍然是由土地、岩石构成的，而且，人类说到底还是需要生活在陆地上。

但现在，人类赖以生存的陆地，已经受到海洋带来的严重威胁。温室气体浓度的增加，加重了温室效应，进而引发极地的冰川融化，导致全球海平面上升，随之也出现了一系列极端天气和异常现象。

2021 年 7 月，哥白尼卫星拍摄的位于北极圈内的图像显示，由于极地多发高温，格陵兰岛周围的冰川已经开始大面积融化，大量沉积物[①]被排放到北冰洋。仅一日，格陵兰岛东半部北端一路到南端的大部分冰都融化了，丹麦气象研究院预估单日融冰量达到 85 亿吨。而在此前一个月的气候记录显示，曾经满是冰天雪地的西伯利亚在 2021 年 6 月的一天里测得 38℃高温，打破了北极圈内有史以来的最高温纪录。

不仅如此，在 2021 年 4 月，BBC 还曝出，地处南极洲的，全世界最大的冰山 A68 因融化而分解成无数个小碎块，要知道，A68 在 2017 年刚刚从南极大陆分离出来时，是一座大小约 6000 平方千米、总质量超过 1 兆吨的超级大山，相当于 7.5 个纽约、4 个伦敦或 1 个上海。而现在，随着极地温度的普遍升高，这些庞然大物就这样“凭空消失”了。

---

① 冰川沉积物是来自冰川运动的无序的、未分选的岩石杂物的总称。这些物质可能由冰雪融水形成的水流沉积而来，形成于冰区边界，或从融化的冰川冰中掉到某个地方。

很多人可能认为，冰川作为两极地区的主要地貌和我们离得很远。但殊不知，作为全球生态系统的关键一环，冰川状态不仅决定了极圈动物的生死存亡，还对气候、能源等人们的生活环境影响重大。2021 年 8 月，联合国气候变化专门委员会在报告《气候变化 2021：自然科学基础》中指出，随着全球变暖，冰川融化将带来极端高温、强降水、海洋热浪和部分区域干旱等极端天气。

现在，全球变暖还在进一步加剧。英国利兹大学通过卫星观测和数值模型计算得出，从 1998 年到 2021 年，北极冰山损失了 7.6 万亿吨，南极冰山损失了 6.5 万亿吨，世界各地的高山冰川损失了 6.1 万亿吨，格陵兰冰盖损失了 6.3 万亿吨，30%~70% 的永久冻土甚至将会在 2100 年之前融化。数据指出，全球平均海平面在 2013—2021 年间平均每年上升 4.5 毫米，并在 2021 年创下历史新高。该上升速率是 1993—2002 年间的两倍多，主要原因是冰川融化导致冰盖加速流失。

更令人感到紧张和焦虑的是，在查阅了大量资料之后，我发现，冰川融化带来的后果，不仅只有极端天气和海平面上升这么简单，它还会带来其他更为直接且更为恶劣的后果。

首先是病毒的活跃。随着极地冰川的融化，那些冰封在数十米冰层下的远古病毒也可能随着冰川的消融而被释放出来。2015 年，科学家们就在西伯利亚 3 万年前的永冻土块中，发现了炭疽杆菌。其可通过空气和水源传播，一旦被感染，皮肤就会形成黑色水泡，不及时治疗就会导致死亡。当年抗日战争期间，日本侵略者在我国的东北三省组建的那支臭名昭著的 731 部队，从事的就是关于此细菌的研究。如果让这样的细菌因冰川融化而重现人间，当真可以说是人类作茧自缚般的自取灭亡。

其次是海洋酸化。早期的科学研究发现，海底岩石中的碳酸钙部分会溶解并进入海洋中，与进入海洋中的二氧化碳溶解于海水中形成的碳酸产生中和反应，降低海洋的酸性。千百万年以来，海洋的这种自我净化能力维持着海洋的酸碱平衡，加之陆地植物的光合作用，让人们以为，广阔的海洋和茂密的陆地丛林会“仁慈”地将二氧化碳全部吸收。

然而人类大量燃烧化石燃料，造成大气中二氧化碳浓度急剧增加，这让海洋自我中和酸碱的功能正在迅速丧失。目前，人为制造的二氧化碳大约有 40% 被海洋所吸收，仅依靠海洋自身缓慢的净化功能来净化掉已被海水吸收的二氧化碳，需要数十万年，而从科学家研究的最新数据来看，海水 pH 仍在降低，酸化程度在不断加剧[①]。

海洋酸化的杀伤力是巨大的。二氧化碳溶解于水，与水结合生成碳酸，碳酸的一部分以原来的形式保留在海水中，大部分则分解成酸性的氢离子和碳酸氢根离子。

这意味着，大海中的珊瑚以及带壳类海洋生物将面临失去外壳和骨骼的灭顶之灾。大部分带壳类生物作为海洋食物链中重要的组成部分，它们受到腐蚀也将会对其他生物造成巨大影响。

除此之外，珊瑚礁一直作为天然的堤坝，守护着海岸线上的陆地不会被海水的浪潮所淹没，而海洋酸化会使珊瑚礁的生长繁殖受

① 海水由于吸收了空气中过量的二氧化碳，导致酸碱度降低的现象。海水酸度越高，对海洋生物的破坏越严重。

到严重抑制，甚至会使珊瑚随着酸化的进一步恶化而被溶解，一旦珊瑚减少至一定程度，将导致低地岛国更容易为暴雨所侵害，海岸线向陆地后退，大量的沿海植被被海水倾倒，城镇被海水冲击，村庄被巨浪淹没。

现在，我们知道了温室气体给地球、给海洋带来了怎样的变化。而我们又知道，温室气体中，二氧化碳的排放占据主要位置，由此可见，要想阻止冰川融化，阻止海平面上升和海水酸化，就必须减少碳排放。即使我们明天就停止二氧化碳排放，海洋也会继续吸收大气中富余的二氧化碳，海洋酸化趋势在未来几个世纪里还将持续下去。我们别无选择，只能积极应对，采取一些与应对气候变化类似的措施。

THREE

03 / 人为制造的碳排放源自哪里?

比尔·盖茨在《气候经济与人类未来》一书中，他讲述的一则小故事令我至今印象深刻。

美国已故著名作家戴维·华莱士在2005年凯尼恩学院的毕业典礼上发表了一次广为人知的演讲，演讲的开头他讲了这样一个故事。

两条小鱼在水里游，碰巧遇到一条迎面而来的年老的鱼，那条年老的鱼朝他们点了点头然后说:“小朋友们，早上好，水怎么样啊？”两条小鱼听后继续游了一会儿，其中一条终于忍不住问另一条:“水到底是什么东西？”

华莱士解释说:“在关于鱼的这个故事中，最直接的一点就是，那些显而易见、普遍存在和至为重要的事实往往最难以察觉，也最难以言表。”

就像水对鱼而言是那么至关重要，但其表现得又是那么平常。这就好比化石燃料的燃烧产生二氧化碳一样，它所带来的温室气体如此普遍，以至于我们难以全面了解它们对人类生活的种种影响。

比尔·盖茨在他的著作中提道：“仅以石油为例，全球每天至少消耗约1000万吨石油，无论是何种产品，在如此庞大的规模下，在短时间内几乎都是不可被替代的。”

人类造成的碳排放无处不在。从宏观上讲，造就人类现代文明的基础生产资料是化石能源，聚焦到微观，我们使用的电灯、手机、笔记本电脑，都要使用电力或电池，而到目前为止，发电主要还是依靠化石燃料，如石油、煤炭。汽车、飞机、轮船更是直接把化石燃料作为动力来源。燃烧化石燃料，就会产生碳排放，不仅如此，盖楼会产生碳排放、造纸会产生碳排放、农林牧副渔会产生碳排放。到了信息时代，甚至互联网信息传输和金融资产领域也都和化石能源形成了紧密的绑定关系。

除了这些，其实碳排放早就渗透到我们生活最末端的事物当中。

每年食物的损耗和浪费，会导致多少碳排放？根据联合国粮食及农业组织的报告，当前，全球有1/3以上的食物被丢弃或浪费，假如将食物损失和浪费所产生的碳排放，视为一个国家的年度碳排放总量的话，它将是世界第三大温室气体排放国[①]。

除了食物浪费以外，可能更令你难以发现和置信的是，服装的浪费也会导致大量的碳排放。据预测，2010—2030年，纺织品生产每年排放12亿吨温室气体[②]，这个数字，超过所有国际航班和海运在一年内的碳排放总和。在中国，每年大约会生产出570亿件

① 联合国粮食和农业组织发布的《浪费食物碳足迹》报告揭示，每年全球食物损耗和浪费量约为13亿吨。

② 纺织业碳排放的数据源自艾伦·麦克阿瑟基金会。

人类的生存离不开能源，人类的发展更离不开能源。长期以来，在能源方面，人类主要还是依赖化石能源燃烧。以中国为例，截至2023年，全国使用的化石能源占能源总量的85.1%，其中煤炭占化石能源的57%。而化石燃料的燃烧是主要的二氧化碳排放源，占全部二氧化碳排放的88%左右。所以，碳减排的任务任重道远，我们还有很长的路要走。

衣服，但你不知道的是，其中约 73% 的衣服，最终的命运将是被填埋。

地球上的碳一直在参与碳循环过程，碳循环是指碳元素在地球的生物圈、岩石圈、水圈及大气圈中交换，并随地球运动循环往复的现象。它包括碳固定与碳释放两个阶段，前者是从大气吸收二氧化碳的过程，称为碳汇；后者是向大气释放二氧化碳的过程，称为碳源。

在这个过程中，人类活动的影响至关重要，燃烧化石能源会加大向大气中释放二氧化碳，而毁林开荒等行为则会减弱碳汇过程，从而造成平衡的破坏，导致大气中的二氧化碳浓度过高，气温升高。

电、热生产活动是全球主要的碳排放来源。目前，供电行业依然以煤炭、石油、天然气等化石燃料燃烧作为最主要的发电方式，供热产业也以燃烧化石燃料作为主要的供热方式，而化石燃料燃烧会带来大量的碳排放。

2016 年，全球碳排放达到 355.2 亿吨，能源排放占比为 73.2%，农业、林业和土地利用为 18.4%，直接工业加工为 5.2%[①]，整体来看几乎 3/4 的碳排放与能源相关，其他方面如农业、土地使用、废物垃圾等方面的碳排放相对较少。

到 2022 年，此数据进一步扩大，国际能源署（IEA）统计数据显示，2022 年全球与能源相关的二氧化碳排放量创下历史新高，全球能源排放量增长 0.9%，达到创纪录的 368 亿吨。2022 年，全球

① 数据来源：数据统计网站 OurWorldinData。

主要电、热生产活动产生的碳排放达到了147.6亿吨。

从行业领域来看，交通运输产业是全球第二大碳排放来源。目前，陆上交通、航空、航海依然以燃油作为最主要的动力来源，对燃油的高需求也会带来大量的碳排放。

制造业与建筑业是另一个重要的碳排放来源。钢铁冶炼、化工制造、采矿、建筑等行业对能源需求量大，生产过程中原材料分解也会带来碳排放。这是按行业细分的统计结果，我们不妨再来看看，碳排放在工业革命后的这些年里各个国家的情况。

数据统计网站OurWorldinData在2021年发布了世界各地区化石燃料在1850—2021年二氧化碳的排放记录。

数据显示，截至2021年，美国的二氧化碳排放量超过其他任何国家。自1751年以来约为4000亿吨，占历史排放量的25%，是全球最大的累计排放国，导致了0.2℃的全球变暖，是中国的两倍。

截至2021年，中国累计二氧化碳排放量2884亿吨，占全球11.4%，导致全球变暖约0.1℃。

俄罗斯占全球累计二氧化碳排放量的6.9%，其次是巴西（4.5%）和印度尼西亚（4.1%）。

值得注意的是，尽管使用化石燃料的排放总量相对较低，但巴西和印度尼西亚主要是由于土地利用变化和森林砍伐所致。

由于长期依赖煤炭，德国以3.5%的累计排放量位居第六，印度排名第七，占累计总量的3.4%，略高于排在第八位的英国（3.0%），这是因为印度土地利用的变化和林业的碳排放更大。

日本占历史累计排放量的2.7%，加拿大占2.6%，排在历史排放量的第9位和第10位。

显而易见，占碳排放总量比重大的行业，以及多年以来排放总量位居前列的行业都被纳入统计范围。现在，我们可以对人为制造的碳排放做总结性概括，它主要源于世界上的人口大国与经济大国，在各个时期，因经济发展燃烧化石能源或发生土地利用的改变行为（如砍伐树木等），造成了过量的二氧化碳排放。

在了解了造成全球气候变暖的诸多因素后，又根据地球发烧的表象，探析了温室气体、温室效应、化石燃料的燃烧以及碳排放的关系后，我们终于可以深刻而全面地揭示地球发烧的根本原因及当今气候变化的底层逻辑。就是人类无休无止地滥用化石能源，导致大量的温室气体尤其是二氧化碳持续数十年甚至百年的大量排出，造成了温室效应。

在此背景下，1℃的升温就会导致北半球的夏季长度增加 15 天。很多气候科学家认为，如果将地球平均升温幅度控制在 2℃以内，人类或许还能够通过采取一些必要措施进行适应。但是如果地球平均升温幅度是 3℃及以上，人类将很难有能力适应。

2020 年 12 月 12 日，联合国秘书长古特雷斯呼吁全球各个国家领导人应在本国宣布进入“气候紧急”状态，3 年过去了，结合一些国家的做法，他的呼吁并未产生很好的效果。2023 年，摆在我们面前的问题是，如果对地球发烧的情况听之任之，人类将走向难以挽回的危难局面，而要挽救这些危局，全人类就必须有所行动，参与到减少碳排放、给地球降温和治理气候灾害的行动中来。

第三章

行动

谁来拯救发烧的地球？

在拯救地球变暖这件事情上，世界各个国家需要共同行动，这是所有人类、所有国家的责任。小国有小国的责任，大国有大国的担当；发展中国家有发展中国家的责任，发达国家有发达国家的担当。

虽然，在以前相当长的时间里，有些国家还在为了碳排放量的分配问题推卸责任，所谓的承诺只停留在纸面上。但是，也有很多国家一直在为此积极行动。比如，中国为了应对全球变暖，大力开发新能源，减少碳排放，并明确提出 2030 年碳达峰与 2060 年碳中和的双碳目标；欧美等国家也制定出减少碳排放的方案，以环保的生产方式进行生产制造等。

ONE

01／《巴黎协定》的前世今生

全球气候变化正在对人类社会构成巨大的威胁，而以二氧化碳为主的温室气体排放仍在不断增长，人类的生产和生活，几乎都受到了不可逆转的影响，因此气候变化在近年来越来越受到各国的重视。

在我的印象里，世界步入现代以后，遇到需要多国之间通力解决的大事，往往是依靠各种国际会议来商议。

到今天，国际会议已成为世界各国进行交往和联系的一种重要形式，在国际社会致力于解决共同关心的问题的努力中占据越来越突出的地位。国际会议探讨的内容类别也很多，近年来，世界上一些比较大型的会议，不外乎军事方面的德黑兰会议、外交方面的万隆会议、经济领域的国际经济合作会议等。而关于全球气候变暖和碳排放，最著名的就是联合国气候变化大会。

气候变化大会，源自 1992 年 6 月 4 日在巴西里约热内卢举行的地球首脑会议。在这次会议上，联合国政府间谈判委员会达成了《联合国气候变化框架公约》。此后，依据这个公约，自 1995 年开始，轮流在各个国家召开气候变化大会。

我梳理了20多年来形成重要成果的气候大会。

首先是1997年召开的日本京都气候大会，这次大会的与会方签署了《京都议定书》[①]，它的大致内容是，发达国家从2005年开始承担减少碳排放量的义务，而发展中国家则从2012年开始承担减排义务。

旨在遏制全球气候变暖的《京都议定书》正式生效后，已签署议定书的141个国家和地区称赞它是地球的一道“生命防线”。然而，面对如此体量庞大的事件，其发展过程自然也无比曲折与复杂。

发达国家觉得这是明显制约其自身发展的约定，因为经济要发展，就势必要排碳，而减排，则等同于制约一国的经济和社会进步。

2001年，时任美国总统布什以《京都议定书》“会破坏美国经济竞争力”为名宣布退出，澳大利亚霍华德政府也退出了《京都议定书》。布什政府的这一举动险些让《京都议定书》流产。《京都议定书》规定，签约工业化国家必须多于55个，温室气体的总排放量必须占所有发达国家的55%以上，议定书才能生效。2004年10月，排放量占17.4%的俄罗斯批准了《京都议定书》，从而使签约的工业化国家总排放量超过了61%，《京都议定书》才得以正式生效。

---

① 于1998年3月16日至1999年3月15日开放签字，条约于2005年2月16日开始生效。

尽管协议签订，但受不同国家不同现状以及碳减排技术等因素的影响，其履行和后续的进展难度非常大。

《京都议定书》之后，2009 年的哥本哈根气候大会是推进减少碳排放的重要节点。本次会议商讨的是《京都议定书》一期承诺到期的后续方案，也就是说，哥本哈根大会是为了看一看各国的碳减排履行得怎么样，以及接下来该怎么做。

大会拟定的《哥本哈根协议》，首次提出了把全球气温上升幅度控制在 2℃的目标，同时也提出，发达国家应带头采取更加有效的减排行动。

当然，本次大会仍然没有摆脱穷富国之间的博弈，否则也不会有后来的《巴黎协定》。在一波三折的协议草案商定过程中，围绕最终成果的文件形式、全球应对气候变化的长期目标、发达国家的中期减排目标、发展中国家的自主减缓行动，以及适应、资金、技术、透明度等一系列关键议题，发达国家与发展中国家两大阵营之间，以及不同阵营内部的矛盾错综复杂，各方在谈判中展开复杂的利益博弈和激烈的政治较量。在哥本哈根会议的最后时刻，以决定附加文件的方式通过了经激烈谈判和磋商而达成的《哥本哈根协议》[①]。

尽管《哥本哈根协议》是一项不具法律约束力的政治协议，但它表达了各方共同应对气候变化的政治意愿，锁定了已经达成的共识和谈判取得的成果，推动谈判向正确的方向迈出了第一步。

---

① 受发达国家与发展中国家在哥本哈根气候大会上不断争论的影响，《哥本哈根协议》草案未获通过，最后仅仅得到了一个“并不具备法律约束力”的意愿声明。

接下来，2015年12月12日，196个缔约方在巴黎召开的第二十一届联合国气候变化大会上通过了《巴黎协定》，取代《京都议定书》，以期共同遏阻全球变暖的失控趋势。

这是继《联合国气候变化框架公约》与《京都议定书》后，人类历史上应对气候变化的第三个里程碑式的国际法律文本，也是有史以来首个具有普遍性和法律约束力的全球气候变化协定。

《巴黎协定》共29条，其中包括目标、减缓、适应、损失损害、资金、技术、能力建设、透明度、全球盘点等内容。其中，协议的第二条指出，将把全球平均气温升幅控制在工业革命前水平以上2℃之内，并努力将气温升幅限制在工业化前水平以上1.5℃之内，同时认识到，如果达成这一目标，将大大减少气候变化的风险和影响。

在我看来，至少《巴黎协定》是拯救地球行动中迈出的关键性一步，尽管让其成为具有明确操作性、法律约束力的国际公约，还有很长的路要走，还需克服很多困难，解决很多问题，但只要人类认识到问题的根本，凝聚共识，积极合作，致力于开拓和创新，《巴黎协定》必将成为人类保护地球家园的新篇章，以及向可持续发展道路迈进的里程碑。

TWO

02／减少碳排放：一场全人类发起的自救

《巴黎协定》的核心内容就是，将全球平均气温升幅控制在工业革命前水平以上1.5℃之内。这样一来，拯救地球的底层逻辑基本也就清楚了。

要控制气候变暖，而且保证将地球在未来的平均升温控制在1.5℃内，这是根本目标。抑制升温，就要减少温室效应的增加，减少温室效应，就要减少温室气体浓度，因此，最根本的问题就是减少二氧化碳等温室气体的排放。所以，拯救地球发烧的核心内容，就是减少碳排放。

减少多少碳排放，或者减少到怎样的程度，可以达到《巴黎协定》中的抑制升温标准呢？答案是，减少至零排放[①]。之所以需要实现零排放，其原因在于，温室气体一旦进入大气层，就会留存很长时间。比尔·盖茨在《气候经济与人类未来》一书中提道，即便是

① 并非在未来完全不排出任何的二氧化碳，而是排放了一定量的二氧化碳，但有办法同时完全消除它。

今天排放到大气中的二氧化碳，在 1 万年后，仍然会留存约 20%。因此，我们持续不断地向大气中排碳，而又想让这个世界不再变热，这是不可能实现的悖论。

于是，在这样的背景下，签订了《巴黎协定》的各方，都提出了自己的零碳目标和实现路径①。零碳路径分为两个阶段，一是碳达峰，二是碳中和。

碳达峰，就是二氧化碳排放量进入平台期的过程，在碳达峰的过程中，一国碳排放量的年均增速趋近于零，不再发生明显的波动。碳中和则是利用二氧化碳吸收技术，抵消一年内二氧化碳的排放量，也就是说，让二氧化碳的排放量与吸收量实现对等。只有实现了碳达峰，才有可能实现碳中和，前者实现得越早，后者完成的条件就越有利。而碳达峰、碳中和，也就是我们所说的双碳。

对于双碳，大部分人会存在诸多疑问：双碳到底意味着什么？它有怎样的内涵和外延？会对未来各行各业的发展带来怎样的影响，进而形成何种趋势？对我们每个人又有着怎样的机遇和挑战？等等。因此，我们有必要先弄明白全世界减少碳排放的实现路径——双碳，到底意味着什么。

在见识了那么多触目惊心的极端天气以后、在见证了不断刷新纪录的全球各地高温以后，我越来越清晰地意识到，全球气候变暖不单是现象，更是趋势。当下固然重要，但趋势更为重要，一旦趋势成为下一个“当下”，无论什么样的补救手段都将苍白无力。因

---

① 各国制定的零碳路径并不是在巴黎气候大会上宣布的，而是在签署《巴黎协定》后，在各国的国内立法程序中对协定做出批准，而后再进行了宣布。

此，减少碳排放，实现碳中和的根本意义在于，它大概是人类对趋势及其后果的预判断而发起的一场空前的自我拯救。

为什么说它是自我拯救？因为难度太大了！

如果难度不大，可以被称作是援救、急救，但绝谈不上是拯救。正是因为双碳对于全人类的意义非凡，而实施起来又十分艰巨，所以才能被称作是人类的自我拯救。

从宏观上讲，造就人类现代文明的基础生产资料是化石能源。聚焦到微观，我们使用的电灯、手机、笔记本电脑，都要使用电力或电池，而发电到目前为止，主要还是依靠化石燃料。碳中和则意味着，我们要让所有的领域都尽可能地“脱碳”，也就是摆脱对化石能源的依赖。

其难度可想而知，而背后的隐痛则让人更加压抑。

化石燃料之所以无处不在，其背后的支撑理由让人类几乎无法拒绝：价格低廉。以石油和煤炭为例，它们储量大、便于运输，各类开采、生产技术几近完备、成熟。讲到这里，你大概可以想象到，“脱碳”需要触及到的那些化石燃料及其附属产业背后绑定的资产是多么巨大，包括有形的、无形的、公有的、私有的……这些加在一起甚至会是用天文数字都难以估量的资产。

因此，很可能有人会说，碳中和不就是在制造负担么？因为这意味着很多基础设施、基础技术都要重新研发一遍。但这才是我们真正要认识的：纵观历史与人类文明发展进程，负担往往能为我们创造更大的自由。只要稍微回顾一下，就会发现这是完全可以理解的，因为我们做过且一直在做类似的事情。从依赖一种能源转向依赖另一种能源，正如刚才我们提到的石油、煤炭，以及经历了类似轨迹的天然气。

人类自我拯救的第二次含义，是因为人类必须做出改变，而改变的过程是漫长的，代价也是巨大的。

最为关键的是，应对气候变化已经成为人类发展面临的最大挑战，采取积极措施应对气候变化也已经成为全人类的共识。那么，通过积极调整气候政策和发展技术革新，催生新一轮的能源技术与产业革命，就成为研究双碳和实现零碳愿景的必然主旋律。有了这样的思维模式，便不难发现，碳中和三个字听起来简单，但它像魔方一样，一旦转动起来，就会有无穷多的组合。它比想象中要复杂、要难，但机会也比想象中多。

THREE

03 / 大国担当：中国碳达峰与碳中和路径解析

2000年以来，由于经济高速发展，我国的碳排放总量大幅增加，在双碳战略下，我国面临的碳减排压力可想而知。

但是，在严峻的现实考验下，我国依然顶住压力，坚决执行碳减排战略，而且减排效果颇有成效。根据IEA发布的《2022年二氧化碳排放报告》，与过去10年的平均水平相比，我国电力行业二氧化碳排放量增长已经有所放缓，年增速达到2.6%。工业领域的二氧化碳排放量也有所下降，比2021年减少了1.61亿吨。2022年我国运输领域二氧化碳排放量下降了3.1%。

带着“零碳”目标的思考，我查阅了各国碳中和实现计划和路径，发现欧盟成员国、美国、日本、韩国等发达国家的碳中和目标日期基本设置在了2050年前后。而实现路径的具体保障无外乎政策宣示、法律规定或向联合国提交自主减排承诺等方式。

国际上，美国和欧盟国家认为我国是二氧化碳排放大户，如果我们不减排，气候问题就解决不了，以2019年的数据为例，中国当年年度排碳量占全球的 28%[①]，比美国和欧盟要多出不少，所以，中国应该承担更重的责任。

但是稍微细心一点就会发现，账不应该这样来算，只关注当前的态势而忽略或者刻意摒弃历史和人均是一种懒惰而不负责的态度。显而易见，美国和欧盟国家自工业革命以来的排碳量，比我国多出很多倍，这笔账怎么算？按照人均计算，我国的人均排碳量连美国的一半都不到，这笔账又怎么算？所以，在减排这件事上，各方并未按照同样的标准来承担责任和履行义务。

2020 年 9 月，中国在联合国大会上宣布，计划在 2030 年实现碳达峰，2060 年实现碳中和。正是这一宣誓[②]，让我真切地感受到我们国家在拯救地球这件事上彰显出的大国担当。

简要浏览《巴黎协议》各缔约方签署文件的内容，就会发现，大多数西方国家的碳中和时间基本定在了 2050 年，你可能会问，比起它们，我们晚了 10 年，这能算得上有担当吗？

值得注意的是，西方各国的碳达峰至碳中和的区间时长，基本在 50 年左右。而我国宣布的时间节点是 30 年（2030—2060 年）。在如此短的时间里主动承担这么艰巨的任务，难道不是提升国际舞台形象、丰富国际博弈手段的强有力措施吗？

为什么敢做 30 年的承诺？深远意义何在？底气又何在？我们

---

① 数据来源：BBC 公布的国际能源署委托 Rhodium Group 咨询公司统计的世界各国 2019 年碳排放量数据。

② 2020 年 9 月，习近平主席在第七十五届联合国大会一般性辩论上，向世界做出实现双碳目标的中国承诺。实现碳达峰碳中和是中国高质量发展的内在要求，也是中国对国际社会的庄严承诺。

绝不能把目光只停留在担当上面，也必须深度思考我国实现碳中和背后的深层次含义。

首先，更深远的意义在于，我国的双碳路径和实现目标，非常有助于筑牢能源安全底座。

不论是石油还是天然气，我国对外依存度都很高，所以经常有国外的声音提及，只要像马六甲海峡这样的运输通道被封锁，中国的能源安全就会受到威胁，因为封锁马六甲海峡，我国从中东进口的大量化石能源将无法按计划到达。

如果出现这种情况，油价可能又要上涨。不管是石油，还是天然气，由于埋藏在哪里不是人为能够决定的，所以在能源依赖层面，我们依然存在着许许多多的隐患和不确定性，因为化石能源并不是哪里都有的。

但风和阳光，却是哪里都有的。

什么意思呢？就是说，如果能用风能、光能等新能源取代化石能源，那么我们的能源问题会迎刃而解。而使用风和阳光的关键，取决于我国的科技水平和现代制造业能力。一旦完成这样的转变，我国将从资源依赖型国家，转变为技术依赖型国家。彰显大国担当的同时，我国提出 30 年实现碳中和的目标，也是为了尽快达到筑牢能源安全底座的目的。也就是说，用结果倒逼产业革新升级，让我国由资源贫国转变为资源富国。

当然，也要清醒地认识到，在实现双碳战略的进程中，我们会面临很大的压力和挑战。比如，要想产业革新升级，企业就需要进行能源结构转型，开发新能源。而我国长久以来一直是世界上最大的煤炭消费国，国内已经形成了以煤炭为主的巨大的能源产业链。

一旦进行转型，部分企业很可能出现技术、人才、资金不足等各种各样的问题，甚至可能出现企业倒闭潮。

对于我们个人来讲，也基本没有做好相关准备，比如还有人没有养成垃圾分类、节约用电用水的习惯，对双碳战略也缺乏关注，甚至还不知道双碳的含义。

在这种情况下，我们有转型成功的底气和实力吗？答案是有的。

我们都知道，一国的经济增长靠的是生产资料与劳动力，更通俗点说，就是靠人和钱。但是，经济增长中，总有相当一部分的份额是人和钱都不能解释的。学者们把这部分归结为技术进步，不过我个人更青睐那句话："科学技术是第一生产力。"

据了解，改革开放40多年，前30年的科技增长速率，用量化指标测算，其数值在4%~5%，而2010年以后下降到了2%。这说明，我们的科技进步脚步放缓了。至于为什么慢下来，显然不是科技研发能力退步了，事实也并非如此。通过调查研究发现，之所以慢下来，是因为当前一个时期，我国的工业化程度接近饱和了。一个国家发展到这个阶段的时候，科技进步的速率必然会降下来。

今天的中国，现代制造业和新能源技术水平都领先于世界水平。据了解，我国每年新增的光伏发电装机容量超过2.5万千兆瓦，连续6年位居世界第一，而我国投资兴建的风力发电机组，目前也已经遍布"一带一路"沿线各国，不仅如此，全世界85%的太阳能组件是我国生产的。因此，在30年内完成碳中和路径，实现零碳排放愿景是完全有可能的。

其次，更深远的意义在于，碳中和是人类的一场自我拯救，既然是拯救，就要做出改变，因此，碳中和也是一场颠覆性的改革。这场改革将促进绿色发展，推动可再生能源的发展，为我国的经济发展注入新的动力，很多企业能够因此获益，从而催生出一批新的竞争力强的企业。即使部分企业被淘汰、倒闭，我国经济也不会受到影响。

这场改革还会极大地改善环境质量，所有人的生活和工作环境会更加健康美好。一些专家甚至预计，我国在达成双碳目标的过程中，增长的就业岗位可能会超过百万个。随着国家层面和越来越多的媒体层面的不断宣传，以及现实环境的优化，相信大家的环保节约意识也会变得越来越强。改革意味着大量的机遇和无限的创新，这是我希望碳中和带给我们每一个人的。

改革分为效率型与活力型。

什么是效率型？比如，商鞅把春秋时代层层分封的财富分配体系全部废除，将秦国的每一份生产力、每一个老百姓甚至每一粒粮食全都搭载到国家这个战争机器上来——秦国立刻变得富强起来。

再如，清康熙帝提出“滋生人丁永不加赋”，至雍正年间改进为摊丁入亩，极大地减轻了人口负担，迎来了中国人口的爆炸式增长，奠定了大国基础。

效率型改革有诸多优点，如迅速、有效，为达到某个目标可以最大化地调度资源。但凡事都有两面性，只要稍加思考就会发现，效率型改革也有一定的弊端，那就是需要先画蓝图后盖房子，一旦蓝图画错了，就会出现“差之毫厘，失之千里”的局面。回顾历史，同类型改革失败的案例绝对不在少数，如唐朝的租庸调制改革为两税法、晚清的洋务运动和戊戌变法，均以失败告终并付出了巨

光能具有资源充足、分布广泛、安全、清洁、技术可靠等优点。光伏发电不会产生任何环境污染，是满足未来社会需求的理想能源。风电作为技术成熟、环境友好的可再生能源，日益受到世界各国的重视。大力发展新能源，对保护生态环境具有极其重要的意义。风能和光能作为清洁可再生能源，发展的潜力巨大，综合效益极高。

大的代价。

如果是我们面对以上这些历史级别的问题，该怎样改革呢？这个问题，恐怕很难有属于自己的答案。但是，我确实知道一个答案，就是我们现在还在经历的持续了 40 多年的改革开放。

改革开放的实践充分证明，这是一条正确之路、强国之路、富民之路，是决定当代中国命运的关键抉择。习近平总书记指出："我们实现由封闭半封闭到全方位开放的历史转变，积极参与经济全球化进程，为推动人类共同发展做出了应有的贡献。中国 40 年的改革开放，从根本上改变了中华民族的前途命运，也极大改变了世界发展格局。"

相对于效率型改革，改革开放属于活力型改革。两者最根本的区别在于：

（1）效率型改革是单目标系统，活力型改革是多目标系统。举个最简单的例子，20 世纪 60 年代，我们可以在那么困难的岁月里用短短几年的时间研发出战略核武器，但是直到今天，我们的科技提升了、经济向好了，却仍然不得不去引进国外先进的汽车制造技术进入我国市场，这是为什么？按常理推断，核武器的科技含量，应该比汽车制造的科技含量高不止一个等级，可我们为什么没能像研制原子弹一样研制出世界驰名的汽车呢？答案显而易见——汽车是商品，它是多目标系统。它有成本概念，有品牌、广告、产品质量、售后服务等一系列绑定在一起的系统分支，这就意味着它不光是在技术层面存在复杂性。

（2）效率型改革的发起是自上而下的，活力型改革与之截然相反。直截了当地说，比如商鞅变法，如果在当时有谁不支持，是要被杀头的。据说秦孝公的儿子不支持商鞅变法，秦孝公直接砍掉了太子老师的鼻子，这就是在告诉自己的儿子，我要的是变法带来的富强进而赢得战争，你不遵从我的思想，哪怕你是太子也不可以。

活力型改革就不一样了，权力中枢不会做出必须研发出某某品牌汽车的决定，因为它有着无数的替代品。要打造一个多目标系统，必须激发活力，制造财富和资源的增量。而要激发活力，就必须剥离使用国家机器的状态，回过头来看改革开放，不就是由小岗村那十八位农民拉开序幕的吗?

活力型改革灵巧、自由，更能激发潜质。据此，我们可以初步得出结论：效率型改革应该更多地被应用在一些极特殊的时期或者事务上，而要想让一个改革向好的方向发展，必须采取自下而上的活力型改革方式。

到这里，问题就接踵而来了。我国要在 2030 年实现碳达峰，2060 年实现碳中和，这是个显而易见的单目标系统，它该采取什么改革模型呢？如果是效率型改革，蓝图从何画起？如果蓝图画得不是那么准确又该怎么补救？如果采用活力型改革，那么碳中和并没有一个多目标的愿景和归属，这不是与前面的内容自相矛盾了吗?

这才是我一定要说的。

我不否认碳中和是一种单目标系统，我们就是为了 2060 年实现零碳目标，但是，你要能认识到——矛盾双方在一定的条件下是可以互相转化的。碳中和目标的宏大及洗练，大过近些年来任何一个规模宏伟的叙事，因此，它也足以大到打破以往传统改革思路，进而创造一种全新的改革模型的程度。

碳中和，应该是一种以活力型改革为载体的效率型改革。以活力型改革的方式和手段，自下而上地推进经济转型，不断衍生新技术、拓展新市场，然后以效率型改革作引领，及时跟进政策追认和对民间的各类扶持，达到按时实现零碳的最终目标。

碳中和的目标单一而明确，但实现过程涉及领域太宽，行业范围太广，给人居环境和经济社会带来的变化又太复杂、太庞大，庞大到足以用活力型改革的多样性来描述效率型改革的来龙去脉。从这个角度来说，碳中和所走的路，和改革开放是极为相似的。可能唯一不同的是，这次我们知道“河”对岸是什么、在哪里。

改革需要发展科技，推进技术创新，那么如何进行技术创新呢？碳中和，就是答案之一。到这里，我们就得到了我国双碳之路的第三个深层次含义，碳中和将作为新的着力点，促进我国的经济转型。

就像当年的火药炸毁骑士阶层的城墙，终结漫长而黑暗的中世纪一样，碳中和有可能终结人类使用化石能源的历史。一旦掀翻这个基石，大量基础科学的运用会重新洗牌，底层技术的研发会重新开始：建筑业会告别钢筋混凝土，采用绿色材料和新型工艺；汽车业会发展新能源车，清退燃油车；航空业会摒弃汽油，进行氢能源替代……

这就是碳中和会带来的经济转型，从底层支撑的改变做起，对人们的物质与精神从认知和实践层面的颠覆性改观，较之于“大数据”“互联网 +”“新基建”等近些年的流行领域，碳中和其庞大、其洗练、其正当性，没有任何一件叙事可以与之相提并论。它比任何一类新兴事物都更具穿透力和影响力，以至于足以助推经济的转型升级。

FOUR

04 / 气候保护和应对气候变化的关系

读越多的书籍，我就越有这样的感觉：无论是古代的先贤还是近现代的思想家们，一直都被人与自然的关系深深吸引，于是便有了中国古代“天人合一”的哲学观以及西方近代的“回归自然”论。无论是苏东坡的“侣鱼虾而友麋鹿”的玄想，还是爱默生[①]明确提出大自然具有“器用、美感、语言和教育”四种功能，他们似乎都在从不同的角度宣讲着同一个主张——人类应该与大自然保持着亲近、均衡、调和与统一的关系。

我逐渐意识到，辩证地、科学地、历史地看待人与自然的关系，有助于我们加深对当前气候保护与应对气候变化关系的认识。气候保护的直接目的在于有效应对气候变化，根本目的在于调整人与自然的关系，这是一个涉及国家的长治久安、国民经济的可持续发展、子孙后代的重要战略问题。

---

① 19世纪美国著名思想家、文学家，是确立美国文化精神的代表人物，被称为“美国的孔子”。

在当代，世界各国在气候保护方面，都有相应的举措与行动，很多国家的一些举措具有重要的借鉴意义。

1. 德国

德国在能源转型方面表现得最为积极，它先于世界各国制定了碳减排目标，也先于其他国家实现了碳达峰（1990 年）[①]。多年的发展中，德国出台了多项政策与法律法规，不断加大减排力度，2000—2019 年，德国的年碳排放量减少了近 20%，由 8.544 亿吨减少到 6.838 亿吨。

在能源行业领域，德国在 2019 年 5 月退出了世界煤炭委员会，承诺最晚于 2038 年彻底终结燃煤发电行业。紧接着，德国颁布《气候行动计划 2030》和《联邦气候保护法》，明确规定到 2030 年使温室气体排放比 1990 年减少 55%，到 2050 年实现零排放。

在建筑和住房领域，德国在 2020 年 11 月颁布《建筑物能源法》，明确提出用可再生能源的新供暖系统替代原有系统，并由政府与银行联合设立节能建筑基金，为节能建筑提供信贷支持。

在工业领域，德国的主要气候保护政策是鼓励企业开发新技术，减少能源消耗。例如，德国出台了国家氢能战略，使其在该领域的技术创新和核心竞争力始终在全球保持着领先地位。

在运输业领域，德国制定了大量购买电动汽车、鼓励自行车和铁路出行的政策，并下大力气投入全国铁路电气化与智能化改造。据了解，德国将在 2030 年以前为该领域投入近 860 亿欧元。

---

① 关于德国实现碳达峰的时间，一说为 1979 年，一说为 1990 年，后时任德国总理默克尔在第十二届彼得斯堡气候对话视频会议开幕式上表示该国于 1990 年实现。

德国的气候保护与实现碳中和的目标，重在制定法律法规，其出台的规定与政策都具有系统性，这和围绕碳减排而发布并实施的一系列长期战略与行动计划有关联，得到世界范围内广泛的认可与支持。

2. 英国

作为世界上第一个通过法律明确中长期减排目标的国家，英国于2019年对《气候变化法》进行修订，明确到2050年实现碳中和。为此，英国在2020年发布了“绿色工业革命”计划，计划涵盖海上风能、氢能、核能、电动汽车、绿色航运、碳捕捉、绿色住宅、创新与金融等10个方面的内容。

英国的绿色工业革命计划包含每个领域的具体措施：技术方面，英国创新性地开发出碳捕获与封存技术，收集大型发电厂、钢铁厂、化工厂排放的二氧化碳；能源方面，主要推动运输、取暖等部门的电气化运转；金融方面，英国在2021年推出了绿色金边债券与绿色零售储蓄产品，还建立了“碳市场工作小组”，准备将伦敦打造成世界领先的碳交易市场。

在绿色工业革命计划的引领下，英国所属的企业纷纷制定并采取减排措施。英国石油公司提出了新的公司发展战略，计划到2030年将低碳能源领域投资额增长至50亿美元，全面提高氢能业务在核心市场的份额，并与全球10~15座大城市建立清洁能源合作关系。无独有偶，世界第二大石油公司壳牌石油提出全面减少产品生产过程中的碳排放，设置ESG[①]专员，专门围绕气候问题、温室气

① ESG是责任投资中的专有名词，是衡量上市公司社会责任感的重要指标。它是3个英文单词首字母的缩写，其中E指环境（environment），S指社会（social），G指公司治理（governance）。

体排放与政府、金融机构进行沟通，积极寻找切入点推动企业实现低碳转型。

3. 美国

美国在2007年实现碳达峰[①]，这也为其开展气候外交奠定了基础。美国近年来极端天气频发，其所带来的经济损失和人类生命安全威胁也越来越大，因此美国各州纷纷采取了气候保护措施。

在美国气候联盟所属成员州内部，各州都同意自行制定和实施碳减排政策，如新墨西哥州计划2030年的温室气体排放量要比2005年减少45%。

在清洁能源方面，内华达州通过一项法案，在2030年将可再生能源的发电量提高到所有发电量的50%以上。明尼苏达州计划于2050年让清洁能源100%取代化石能源发电。

在能源效率方面，在美国的能源使用总量中，住宅与商业建筑的能源消耗占据近四成，据此，很多州将提高能源效率作为实现碳中和的重要举措，如华盛顿州计划提高全州数千座大型商业建筑的能源利用效率，以减少排碳。

在新能源汽车方面，科罗拉多州在2019年5月宣布要求当地汽车制造商在2023年以前所生产的新能源汽车，必须按照一定的份额出售给本地居民。夏威夷州规定，对使用电动充电汽车的居民发放一定比例的补贴。

在有害空气防治方面，弗吉尼亚州在2019年宣布限制天然气基础设施与垃圾填埋场的甲烷泄漏，康涅狄格州、马里兰州和纽约

① 数据来源：世界资源研究所（WRI）的统计。

州也相继出台法规，禁止使用氢氟碳化合物。

4. 日本

日本经济产业省在2020年12月发布了《绿色增长战略》，采用多个途径促进碳中和的早日实现。

日本多途径促进能源的清洁化供应，计划到2040年将海上风电的装机量增加到30~45吉瓦，大力发展氨燃料产业，同时加快氢能源产业的开发速度[1]。

在交通运输方面，提高汽车电气化水平，对动力蓄电池的性能进行升级；推进节能减排，同时打造低碳物流，建设“碳中和港口”。

更引人瞩目的是，日本大力发展下一代住宅、商业建筑和太阳能产业，利用人工智能、物联网等技术开展用户能源管理，在建筑领域推广使用高性能隔热材料。

在碳中和的实现方法上，德国与英国侧重法规政策引领，美国因为州立法的特色而趋于多样化，日本则注重技术革新。对于我国而言，该选择怎样的零碳路径呢？我认为，在侧重方法之前，先决定路径，是最为关键的。

碳中和的宏观意义在于，不管排不排出二氧化碳，在账面上，碳都得清零。要么不排，要排也得动用科技手段把它吸收掉。所以，要想实现碳中和，只有两个路径：一是增加碳吸收，另一个是减少碳排放。我们在实现碳中和的过程中，应该选择哪条路径，或

① 氨（NH_3）是极具前景的氢能载体，也是性能优良的新兴零碳燃料，氨能利用是构建低碳能源体系的重要抓手。

者说应该以哪条路径为主呢？这个选择是极为重要的，因为它决定着要采用何种技术路线。

通俗地讲，增加碳吸收就两件事：一是多种树，利用植物吸收二氧化碳；另一个是对二氧化碳进行“人工技术捕捉”，然后加以二次利用，这个过程在学术领域叫作“技术固碳”。而减少碳排放则更好理解，就是降低石油、煤炭等化石能源的使用。

我们先来看难度。显然，增加碳吸收是更容易的，因为它不触及已有的产能结构，只要潜心研发技术，并且更多地种植绿色植物就可以了。而减少碳排放则意味着要伤筋动骨，对于国民经济、人员就业还有基础设施建设来说，都是巨大的颠覆性挑战。此外，产能结构的背后，绑定的是数以万亿计的资产，如火力发电厂、燃油发电厂、炼钢厂、水泥厂等。更为重要的是，这些企业极有可能都是依靠融资来获取可持续性发展的，如果被“伤筋动骨”，除了企业经营受到影响外，还可能出现大量的资产闲置、浪费和流失。说得通俗一点，可能有大量的银行贷款还不上。正因如此，专家把现有的产能结构描述为“生产性的能源消费结构”。

这时候，我们难免会面临路径选择，到底是选择比较容易的、平稳的增加碳吸收路径，还是选择看上去更艰难、更痛苦、更漫长的减少碳排放路径作为实现碳中和的主路径呢？

这里需要告诉大家的是，我国已经选择了后者。2021 年 10 月，国务院颁布的关于《完整准确全面贯彻新发展理念做好碳达峰碳中和工作的意见》中，已经选择了减少碳排放为主、增加碳吸收为辅的做法。文件提出，到 2025 年全国化石能源消费比重降低到 80%，

2030 年降低到 75%，2060 年要降低到 20%。

现在，需要揭示为什么要选择这条“更难的路”。

首先，在增加碳吸收方面，我们知道，植物的光合作用吸收二氧化碳，但是，植物靠光合作用吸收二氧化碳，只是将二氧化碳沉积于植物体内或者它所附着的土壤之中，一旦植物出现死亡、燃烧等情况，这些被吸收和沉积的二氧化碳会被重新排放出来。此外，植物也是生物，也需要呼吸。更为重要的是，即便树木和森林的碳吸收作用强于它自身燃烧、死亡和呼吸所带来的碳二次排放的作用，人类燃烧化石能源所产生的二氧化碳量，想要通过增加森林面积来“干掉”，也无疑是杯水车薪，因为碳的数量实在是太庞大了。

其次，再来看技术路线增加碳吸收的办法。据了解，目前世界上已经有了类似的技术，专业人员称之为“碳捕捉”技术，也就是利用技术，“捉住”空气中的碳，然后把它打回到地底。就我个人而言，我相信技术固碳一定会迎来大发展，但绝不是现在。

最后，来看经济原因。我们算一笔账，这笔账常常被专业技术人员所忽视。第一是经济成本，经过调查研究发现，现有技术下，每处理一吨二氧化碳，其增加的额外电能成本，远远高于使用光伏发电和风力发电的成本价格。第二是即便有一天，技术更迭进步到把固碳成本降低到相当可观的程度时，也还有一笔账要算。那就是，这项工作本身需要专业设备，而这些设备的制造、运行、维护又需要额外的耗能，会增加额外的碳排放。所以，这可能不仅仅是无济于事的问题，很有可能还是适得其反的问题。为了捕捉碳进而排放新的碳，这怎么看都是不合适的。所以，我

ECO，即生态（ecology）、节能（conservation）和优化（optimization），是一种节能环保理念。在减少化石能源碳排放方面，除发展新能源外，节约能源也是非常重要的方面。这一理念在很多方面都有应用，避免白昼灯、长流水，坚持垃圾分类，使用环保袋等都是基本的ECO理念生活方式。在汽车行业，使用ECO模式，也可以节省油耗，从而减少碳排放。

国选择了更有难度的一条路径——以减少碳排放为主线的碳中和实现路径。

路径确定之后，接下来就要看具体的实施方案了。2021 年，我国发布了《中国应对气候变化的政策与行动》白皮书，白皮书从战略、理念、治理体系等层面，全面、细致地说明了我国应对气候变化的方式方法。由此，我国就可以更加科学、快速地实现碳减排目标了。

第四章

拯救

低碳建筑助力双碳目标

在双碳的大背景下，中国的建筑业正孕育着变革，低碳建筑有很多突破口与各个领域都有交集，因此也能够从多个角度去规划与众不同的建筑类型。对地球发烧的拯救，完全可以将建筑业作为切入点，从建筑材料上看，也未必都是固定和坚硬的，柔性材料、数字技术、智能控制的出现，将使人们完全颠覆以往的理念，设计出既柔性又舒适，甚至装拆便携、机动快捷的建筑结构，而通过低碳建筑和低碳、零碳建筑材料为双碳目标赋能，将是未来所有从事建筑业的企业和个人的重大关切。

ONE

01／建筑业：建筑碳排放已占碳排放总量的一半

不知作为读者的你，有没有听说过“秦砖汉瓦”？这当然不是专指秦朝的砖和汉代的瓦，而是后人为了纪念当时我国建筑的辉煌和鼎盛而对这一时期砖瓦的总称。我国古代的建筑，以其精美的文字、生动的形象、华丽的图腾以及充满古典东方美的设计，而极具艺术欣赏和文化研究价值。这当中包括大家所熟知的白马寺、汉帝陵，还有被“付之一炬”的阿房宫。

时光流转千年，古代中国对建筑业发展的重视，到了近现代都被很好地延续了下来。新中国经历硝烟和战火的洗礼，曾一度山河破碎，当时的建筑从业者们在艰苦的条件下，开启了重建家园之路。正是在一代代建筑者的努力下，才使得中国现代建筑业的发展之路有了清晰的脉络和可喜的成果。

我国的现代建筑业，分为三个时期。

第一个时期：1949—1978 年。这一时期的建筑主要以“经济、适用，在可能的条件下注意美观”为设计总要求，风格以借鉴和学习为主，该时期可以称为中国建筑业的自律时期。

第二个时期：1979—1999 年。这一时期被称为开放时期，得益于改革开放，国内的各个经济特区陆续兴起建设，国家重点项目陆续上马，而建筑业背后的软性概念，如注册建筑师制度就是在这个时期逐渐完善起来的，此外，最重要的是，房地产在 20 世纪末悄然萌芽。

第三个时期：20 世纪初至今。这一时期被称为建筑业发展的奔腾时期，随着房地产产业的蓬勃发展，大量高耸的现代建筑拔地而起，各类商业综合体与后现代化的总部楼宇、人文景观、精神堡垒也出现在大众的视野当中。建筑材料越来越多样化，施工工艺也逐渐处在世界领先位置。中国尊、港珠澳大桥、东方明珠电视塔，一个个耳熟能详的地标性建筑，仿佛在诉说着时代的奔放与包容。

然而事物的两面性从没放过任何一个载体，建筑业也如是。如同金融领域的通胀一样，温和的通胀是可以接受的，一旦有走向奔腾式通胀或者超级通胀的趋势，那说明已经有问题开始显现了。

中国建筑节能协会发布的《中国建筑能耗研究报告（2020）》显示，国内建筑业碳排放中建材（钢铁、水泥、铝材等）占 28%，施工阶段占 1%，建筑运行阶段占 22%，建筑业碳排放总量占全国碳排放的比重已经超过 50%。

按照常理，排碳这件事，无论如何也应该是能源行业负主要责任。

城镇化进程：驱使建筑能耗持续刚性增长

目前，中国每年的城镇住宅和公建竣工面积维持在 30 亿 ~40

亿平方米[①]，但每年拆除的建筑面积也已经将近20亿平方米，因城镇化而产生的大拆大建成为建筑业的主要模式。持续的大拆大建、大规模建造建筑以及大量生产建筑材料必然导致巨大的能源消耗，也必然产生巨大的碳排放。我国的城市化率正逐年增加，并有望于2050年提高至75%[②]，建筑业的碳排放压力将会持续增加。

以山东省为例，山东省2016年常住人口为9946.64万人，常住人口城镇化率达到了59.02%。山东省的城市建成面积达到4609平方千米，列全国第2位。

2018年环境部统计数据显示，山东全省以12799万吨的建筑碳排放总量排名全国第一。人口在不断增长，各方面的需求也在不断增加，最直接的结果就是，每增加一个人都可能产生新的住房需求。

粗放的建造方式：国内的普遍做法和主流意识

当前绝大多数建造方式仍然以传统、粗放的形式为主。更为深层次的问题在于，建筑从业者或建筑的使用者，并不乐于接受一些改观，如他们对建筑行业碳减排或者低碳建筑，并不乐于接受，甚至会产生抵触情绪。这既包括个人，也包括企业和集体。

从需求侧观察，公众缺少对低碳建筑的切身感受，低碳产品很难得到公众认可，市场难以形成持续的购买意愿；部分企业自主创

① 数据来源：国家统计局。

② 我国的城市化率2050年达75%，数据来源于摩根士丹利在2019年发布的蓝皮书《中国城市化2.0：超级都市圈》。

新能力不强，数字化建设缓慢。建筑企业低碳转型的核心是调整并优化产业结构、转变生产方式、加强低碳技术创新。但在现实中，不少建筑企业观念守旧、滞后，创新思维和创新能力相对薄弱，特别是在企业数字化、信息化建设层面，一些建筑企业仍热衷于传统的能源密集型、劳动密集型的生产模式，未建立有效的信息系统。有些资金困难的企业，更加不敢踏出第一步。

从供给侧观察，低碳建筑企业转型成本较高，财政支持力度相对较弱，与传统能源密集型建筑业相比，低碳建筑企业具有高投入、回报周期长、风险大等特点，属于高新技术产业。因此，这对低碳建筑企业的技术水平和创新能力都有较高的要求。我国建筑业整体的科技创新能力和技术水平都在一定程度上落后于发达国家，企业自主研发能力弱，有关低碳建筑的核心技术和设备都需要从国外引进，由此造成的大量资金投入使很多建筑企业在面临低碳转型选择时望而却步。

从制度建设角度观察，政府虽然制定了支持低碳发展的相关政策，但政策体系不完善导致落实困难，因此建筑企业大多处于观望状态。在建筑后期运营使用过程中，由于公众对低碳理念的了解不够深入，加之政府对低碳理念的宣传力度不够，公众对低碳建筑的实用性存在疑虑、购买意愿不清晰、主动参与性较低，这些都从源头上阻碍了建筑业的低碳化发展。

从政府监管角度观察，我国绿色低碳建筑的评价标准侧重于对节能效果的考核，鲜有指标针对建筑碳排放量的约束而设立，使得部分企业有“漏洞”可钻。此外，由于综合考虑经济发展和促进就业等方面的诉求，政府制定的针对建筑碳排放的政策在执行方面有欠缺，缺少严格、有效的监管处罚机制，导致超排、漏排现象时有发生。

这些问题都是企业低碳建筑转型时遇到的困难，而且在短时间内难以改变。

建筑业碳减排：缺乏体系构建和指导依据

建筑业碳减排的特性是多和散，建筑材料多，建筑周期长，建筑程序复杂，建筑部门有多种小的减排分散在全国各地的单体建筑上，针对多而散的建筑开展节能改造，实施难度非常大。

我国的建筑材料种类众多，涉及2000多种产品，其中很多都需要经过煅烧、熔融、焙烧等程序加工处理，如混凝土、玻璃、隔热墙体材料等，其中水泥、钢铁更是排碳大户。

整个建筑的施工和后期维护更是无比庞杂，需要大量的人力物力，这一点我深有体会，许多问题处理起来非常繁杂，需要极大的耐心来应对。

施工阶段：建筑施工活动

这一阶段包括新建筑建造、老旧建筑维护改良以及建筑物拆除，这三部分活动都会计入建筑业能耗，所产生的二氧化碳属于建筑施工阶段碳排放的直接来源。此外，与建筑施工活动相关的材料、废料运输的能源消耗也被计入建筑施工能耗之中，所产生的二氧化碳属于建筑施工阶段碳排放的间接来源。或许非建筑从业人员感受不到这些，但这部分的碳排放量其实非常大。

运行阶段：建筑运行能耗

建筑运行是建筑业能源消耗的主要环节，其产生的碳排放量占整个建筑业的 60%。我们在建筑内部使用供热制冷设备、通风系统、空调、热水供应系统、照明设备、炊事设施、家用电器、办公设备等，它们在运行过程中都会产生大量的碳排放。电力是建筑运行的另一主要能耗，其支撑空调采暖、照明、炊事、家用电器、办公设备等多种电子系统、设备运行。建筑运行阶段所消耗的电力已经超过全国总发电量的 20%，其对应的碳排放量几年前就已达到全国建筑运行阶段碳排放总量的 1/2。建筑运行阶段，尽管增速放缓，但排放仍呈上升趋势。整个建筑运行阶段涉及的设备多、人员多、时间长，这也是今后技术研发的重点方向。

TWO

02/政策引导低碳建筑，大国在行动

很多年前，我曾听一位建筑专家讲过这样一件事。

从德国留学回来后，他来到上海。一天，这位专家受某富商邀请，去其家中做客。那是一座极其宽敞而豪华的别墅，这样的房子在上海这个寸土寸金的地方可谓十分难得，富商非常骄傲地向专家介绍别墅的朝向、绿化、环境、视野，介绍每一层的功能，介绍每一层住的家人和他们的幸福生活。最后，富商看着这位留学归来的学者，似乎希望能从这位专家口中听到羡慕与赞美之言。

没想到，该专家只是淡淡地说："对不起，我在欧洲见过的普通人住的房子，室内的温度舒适性也比你的别墅要好很多。"

听到这个故事时，我很震惊，这其中不仅仅体现出巨大的文化差异、认知差异，更体现出巨大的现实差异和经济差异。

每次想起这个故事，都能联想到许多更外延的东西，比如，就房子而言，以往我们关注的好建筑、好房子的标准是什么呢？是建筑面积，是户型，是布局，是朝向，是楼层，是周边环境，是小区环境，是交通、医疗、教育配套……甚至，我们关注的是离公司的

远近，但是，却很少有人注意到室内的温度舒适性。

建筑业未来的必然趋势：低碳建筑

建筑这个行业，既普遍，又典型。

说它普遍是因为它真的无处不在，截至2023年上半年，我国总建筑面积已达500多亿平方米，其中住宅面积300亿平方米[①]。这几年，放眼全国各地，到处都在盖、都在拆、都在重建。

说它典型，是因为它背后的发展是社会、经济、生态三者的综合。辩证地讲，经济发展是社会发展的前提和基础，社会发展是经济发展的结果和目的，生态发展则是以上两者的必要条件，而建筑这个行业，把社会、经济、生态牢固地捆绑在一起。

我走过国内的很多地方，尽管由于幅员辽阔，气候、地理环境、自然资源、经济发展水平和民俗文化等方面存在着巨大差异，但就盖房子这件事来说，我看到的情况是，不论各地区采取何种建筑风格，近年来几乎所有的建筑都是钢筋混凝土结构。钢筋混凝土结构被广泛使用，生产钢筋、水泥能耗高，二氧化碳排放量较大，这就势必不利于环境保护。

由于从事建筑行业，我对国内相关领域的市场导向、政策变化、重点信息等都较为敏感，我知道我们国家的建筑能耗占全社会总能耗的比重较大。近些年的新增建筑中，也以高能耗建筑居多。统计数据显示，中国每新建1平方米房屋，就会产生0.8吨二氧化

① 中国现有总建筑面积由住建部于2020年统计发布。

碳，建筑行业节能减排的任务十分艰巨[①]。

今天，越来越多的人开始关注因建筑业快速发展带来的能源消耗巨大、环境污染和气候变暖等全球性问题，世界各国政府、机构、建筑学者相继提出了“绿色建筑”“近零能耗建筑”“低碳建筑”等理念。

现在，在双碳目标驱动下，“低碳建筑”已经成为这两年最为炙手可热的概念之一。而以低碳建筑为蓝本的各类绿色建筑、生态建筑、零碳建筑、负碳建筑也逐渐成为低碳建筑发展的目标。

低碳建筑目前尚无准确定义，但从低碳经济是低能耗、轻污染的经济发展模式来看，低碳建筑就是在建材生产、建筑施工、建筑使用的过程中，提高能效、降低能耗、减少二氧化碳排放的建筑。

之所以说低碳建筑是未来发展的必然趋势，是因为它为建筑行业未来的发展指明了方向，并且有益于全球环境的改善。与普通的建筑相比，低碳建筑存在两大优势：第一，低碳建筑脱型于传统建筑，在传统建筑的基础上融入了新技术与新概念，这将让居住环境产生重大变革，让人们的生活更加的舒适化、自然化、人性化。第二，摒弃了大量高能耗的传统建筑材料。从建筑设计、建筑施工，再到最后建筑工程的整体投入使用，都与低碳环保紧密相关。使用的过程中为了减少化石燃料对环境的破坏，会积极地选取新能源代替化石燃料，以达到低碳节能的目的。

① 每单位建筑房屋排碳量的统计，源自中国建筑节能协会能耗统计专委会于上海发布的《中国建筑能耗研究报告（2018）》。

低碳建筑的核心：智能与可持续

不知道各位读者对2022年年初的北京冬奥会印象最深的是哪些镜头，估计有人喜欢盛大的开幕式，有人记住了啃馅饼的谷爱凌，不过，出于职业习惯，冬奥会带给我印象最深刻的是主场馆“冰立方”。

运动健将在“冰立方”中摘金夺银，屡屡刷新世界纪录，这座银白的冰雪场馆给人留下了深刻的印象，其实它就是由2008年北京奥运会的“水立方”变化而来的。“冰立方”就是一座低碳建筑，相比于传统公共建筑，“冰立方”的建筑功能和工作模式使得能耗和碳排放大幅降低。

由“水立方”改变而来，“冰立方”的透光度仍然保持在95%以上，这是因为建筑主体和屋顶包裹着一层像“泡泡”一样的高分子薄膜材料[①]，这种材料的重量只有玻璃的1/10，厚度只有玻璃的一半，它有自洁性，就像荷叶一样表面不吸水，雨水可以直接把它表面的灰尘带走，而且它还是一种100%可回收的材料。

“冰立方”科学的空间划分也对建筑低碳起到重要作用。要知道，观众席的温度不可能和冰面附近的温度相同，是需要加热的。“冰立方”的分区加热功能能够满足能量高效利用的要求，让能耗更低。另外，可视化的观众舒适度反馈系统，让建筑更“了解”观众需求。

---

① 以有机高分子聚合物为材料制成的薄膜，是一种具有选择性透过能力的膜型材料。

由此我深刻认识到，材料、结构、控制技术，是建筑降低能耗的三个主要方向，不论哪个方向，最终的“归宿”都归结于智能和可持续。在能耗降低的基础上实现的快速加热、室内温度以及建筑用料的可回收，无不彰显着“水立方”作为低碳建筑的先导作用。

建筑业路径：双碳路径愈发清晰

近年来，走访国外特别是北欧发达国家的一些城市时，我越来越清晰地认识到，在过去的二三十年里，我们的建筑观念发生了重大的变化。以前人们想要更高、更大、更特别的建筑，但它们消耗了大量的资源，而这样的建筑理念，放在当今社会，放在双碳的大背景下，已经越来越不适用了。

在瑞典的谢莱夫特奥[①]见过的 Sara Kulurhus 中心项目，给了我很大的启发。该项目采用了交叉层压木材和木料胶合板，是集剧院、美术馆、画廊、图书馆、博物馆和酒店为一体的文化中心。负责这个项目的建筑团队宣称，相比于在建造过程中所排放的碳，建筑内部的木材能捕获其两倍的量。

建筑团队的设计人员进行了一项以 50 年为限的生命周期分析，将建造和运营期间的潜在碳排放量、木材中的碳含量以及建筑生命周期内的碳排放量都纳入计量范畴。

他们还把在此期间将长成的新木材考虑在内，最终得出结论，这座建筑所吸收的碳要比排放的碳更多。

---

① 位于瑞典北部的一座城市，是著名的海运港口和旅游城市，与我国的安徽省铜陵市是国际友好城市。

水立方是一座高度可持续性的建筑，在光的利用上，由于它采用了特殊的膜材料和相应的技术，每天能够利用自然光的时间可以达到9.9小时，每年可以减少55%的照明能耗。除此之外，水立方还设计了很多能源循环系统，这些系统可以对屋顶集水区、泳池回流系统、泳池漫流三处的80%的废水进行回收利用。国际奥委会主席托马斯·巴赫称赞它是奥运场馆可持续发展的典范。

Beijing 2008

瑞典的这个建筑项目令我意识到，在低碳建筑领域，不只要关注建造的过程，更要关注建筑的全生命周期。

在建筑全生命周期的背景下，低碳建筑的实现路径愈发清晰。我注意到，2022 年 7 月，住房和城乡建设部与国家发改委联合印发了《关于印发城乡建设领域碳达峰实施方案的通知》，细致了解这个文件的要义，我也感受到了作为碳排放大国，我们国家在低碳建筑领域正在逐渐重视政策引导的作用，这主要体现在以下三点。

理念革新：政策导向更加突出全生命周期这个时间概念

我们平常接触到的建筑物，往往是已经投入使用的，但建筑物在修建过程中，其实就存在较大的能源消耗。低碳建筑若想更好地实现降碳，首先要减少全生命周期的用能需求。比如，在设计方面，可利用自然通风和天然采光等气候条件因地制宜，进而降低供暖、制冷、照明等方面的用能需求。

技术创新：未来的低碳建筑将越来越像搭积木一样盖房子

不仅建筑设计要实现节能低碳，随着装配式建筑技术日渐成熟，建筑物的建造过程也慢慢变“绿”。

这里我有必要给大家简要介绍一下装配式建筑。它是指将建筑用构件（如楼板、墙板、楼梯等）在工厂进行标准化批量制作后，再运输到施工现场，通过可靠的连接方式拼装而成的建筑。简单来说，装配式建筑的施工方式实现了“房子在工厂里制造”。

装配式建筑项目就像搭积木一样盖房子，在提高生产效率的同时，能够减少污染、节约资源和降低成本。得益于“积木”质量过硬，装配式建筑的现场集成得以顺利进行。

城市更新：低碳建筑将致力于改变以往的建设方式

我注意到,2022 年 7 月的《城乡建设领域碳达峰实施方案》中，明确提出在建设绿色低碳城市方面，要优化城市结构和布局，加快推进既有建筑节能改造，严格既有建筑拆除管理，坚持从“拆改留”到“留改拆”推动城市更新。

这是非常明确的推动城乡建设绿色转型的要求和规定，将转变“大量建设、大量消耗、大量排放”的建设方式，是实现城乡建设领域碳达峰的重要举措。

政策引领在理念革新、技术创新和城市更新上做了明确的指导，建筑行业实现双碳的路径也就能够找到总结与归纳的方法。对于我国的低碳建筑之路，我认为应包括选址、材料使用、绿色能源利用、建造方式改变等多方面的内容。

绿色选址是指低碳建筑的新建，宜选择在废弃场地不适宜耕种的地面，建筑物地面除行车道外均以复层绿化为主，在营造绿色环境的同时，减少室外太阳辐射对室内的不利影响，增加“碳汇”，地下空间可分为多层空间结构，可用作地下车库、设备用房等。

材料使用上，就近选择低碳建筑材料，并缩短材料的运输距离，从而减少运输过程中因消耗燃料而形成的碳排放。采用钢结构、竹木材料、金属墙板、石膏砌块等可回收建筑材料，可提高建筑寿命期结束后的资源回收利用率。

能源利用上，设计时应根据环境条件和建筑的使用特点，选择合理的绿色可再生能源，尽可能考虑使用自然环境给予的能量，将太阳能、风能、地热能、生物能等绿色能源采用适宜的方法导入建筑物内，减少照明、空调等使用，降低能源消耗量；在空调、照明的使用上根据屋内温度、光线的变化，自动调节亮度和温度，所有空气调节系统都能够根据室外气象条件的变化，自动实现全新风运行，充分实现绿色节能。

建造方式上，力争整个建筑物造型简约、实用，不要采用过多的装饰性构件。此外，设计阶段即需要考虑建筑物的拆除回收利用，在建筑物的最后拆除阶段和施工阶段，也应当对建筑拆除方式、拆除后的建筑材料回收和垃圾处理等方式进行低碳设计。

低碳建筑的终极目标是节能和低排放，这里的“节”与“低”，不仅仅是环境保护这么简单，也不等同于造价昂贵。建设绿色低碳建筑项目，注重的是建设过程的每个环节，有效控制和降低建筑的碳排放，节能减排并达到相应的标准及效果，成为低碳经济时代的中流砥柱才是目前绿色低碳建筑的前行目标。

THREE

03／超低能耗建筑，做建筑领域的低碳先行者

在建筑业里摸爬滚打时间长了就会发现，建筑业专业性强，材料的应用和施工工艺上的做法相对偏理论，每当我思索建筑行业的低碳之路时，一种感觉就会从心底里油然而生：在低碳建筑上，我们缺少感性的知识用来借鉴。

这不由让我想起了故乡的窑洞，由于生在陕西、长在陕西，我特别清楚窑洞是什么样子，有什么特点。

窑洞是我国黄土高原上居民的古老居住形式，是一种因地制宜、适应气候的生态节能建筑，它成本低、能耗低、污染低。窑洞的建筑材料以生土为主，除门窗会用到少量的木材以外，钢材、水泥均不用，也无须开挖地基、修建墙体。黄土本身具有良好的隔热和蓄热功能，洞内温度和湿度稳定，冬暖夏凉。窑洞内只需一个小火灶就可以解决做饭、热炕等生活需要，节约燃料。可以说，窑洞从建成到生活无处不体现着节能环保。

由于工作原因，我经常出差，去过很多地方，也住过很多星级酒店，但要说到冬暖夏凉，还得是窑洞。冬天，只要烧个土

炕，满窑洞就暖烘烘的，一点也不觉得冷。夏天，窑洞里冰爽清凉，刚从外边进来会有一种清风吹面的舒服感。那是一种非常自然的感觉，无论是温暖还是凉爽，都是最贴近人自身体感、让人最舒适的一种感觉。这样的感觉是空调、暖气等设备永远无法带给我们的。

所以，窑洞，符合低碳建筑的全部要求。而且，窑洞甚至可以作为低碳建筑的雏形，把我们国家建筑行业的践行之路引向更长远的方向，因为我发现，窑洞的特性，特别符合当下低碳建筑中的翘楚——超低能耗建筑。

超低能耗建筑是适应建筑当地气候特征和场地条件，通过被动式建筑设计最大限度地降低建筑供暖、空调、照明需求，通过主动技术措施最大幅提高能源设备与系统效率，充分利用可再生能源，以最少的能源消耗提供舒适的室内环境的一种绿色建筑。在超低能耗建筑的基础上，增加可再生能源建筑应用等技术措施，可实现近零能耗、零碳零能耗建筑。

超低能耗建筑不仅为人们提供了一种舒适低碳的生活方式，对我们生活环境的健康发展也具有重大的现实意义。

在低碳建筑技术的发展过程中，超低能耗建筑技术越来越受到国内外的重视。它来源于德国，经过几十年的发展已经成为一种相对成熟的建筑技术，并在世界各地推广。

我国更是在全方位布局超低能耗建筑，2010 年，中国住房和城乡建设部科技与产业化发展中心与德国能源署开始签署合作超低能耗建筑示范项目，同时许多省市也出台了超低能耗建筑技术导则。随后，我国超低能耗建筑技术日趋成熟，各种节能技术发展迅速。

2022年，我国已经完成了几十个超低能耗建筑项目[①]，取得了非常显著的成效，也积累了非常丰富的建造经验。苏州计划在2025年建设不低于50万平方米的超低能耗建筑。2023—2025年，北京将推广500万平方米的超低能耗建筑。截至2023年3月，上海已经备案的超低能耗建筑项目，更是超过了1000万平方米。

超低能耗建筑是真正的超低能耗，极少使用化石能源。主动调节室内环境到最舒适的温度，意味着电能或者其他化石能源的高消耗，超低能耗建筑可以有效规避这种情况发生，它可以实现恒温，在夏季空调仅仅作为辅助开启，使室内温度降到20℃左右；在冬季不取暖的条件下，使室内温度升到20℃以上。

超低能耗建筑还可以极大地缓解城市热岛效应，使居民生活环境更加舒适。我国的许多城市在夏季都要经历高温酷热，为满足居民空调需要，就要配备足够的电力，而这些电力中的很大一部分负荷在绝大多数时间里处于闲置状态。随着我国城市房屋建造量的增加，城市热岛效应变得越来越严重。上海、北京等城市的热岛效应可比正常区域高出7~9℃。对于这一点，每个在北京、上海生活的人都有切身体会，盛夏时节，每当外出时就犹如进入烤箱里，上面晒，下面烤，左右不通风，一分钟不到就热透了。热岛效应提高了整个城市的温度，造成了空调能耗的进一步上升，空调能耗上升进一步提高了城市的温度，这是一个恶性循环。超低能耗建筑节能省电，可以很好地帮助我们跳出这个恶性循环。

如果把产生热岛效应的普通建筑改造成超低能耗建筑，热岛效

① 关于我国2022年已经有几十个超低能耗建筑项目落地实施的数据，来自2022年3月1日住房和城乡建设部印发的《“十四五”建筑节能与绿色建筑发展规划》。

应将会逐渐消失。

超低能耗建筑也会促进建材产业迭代升级，带动整个建筑行业的高质量发展。近年来，桥梁和房屋坍塌事件多发，一时间建筑质量问题让人担忧。特别是这几年房地产市场面临销售压力，很多地产企业都在降本增效，房子的各种配套设施在不断优化成本，房子品质在走下坡路，作为建筑业内人士，我一直担心行业出现“劣币驱逐良币”的逆向淘汰现象。劣质建筑的出现是建筑业的退步，更是全社会资源能量的巨大浪费。

我国的建筑寿命只有几十年，而德国和瑞典的建筑寿命却是近百年。一名德国专家测算，超低能耗建筑所有的投资成本可在60年中通过能源的节省回收回来[①]，以后这座建筑就不再需要投入能源成本。而我们传统的房子在几十年之后就要拆除重盖或者大面积改造，不仅要产生一堆建筑垃圾，还要再消耗一遍资源与能源。

超低能耗建筑对施工标准和建材有着相当高的要求，假如传统建筑产品不能满足要求，开发商们会不惜成本选择能达到要求的产品。长此以往，会倒逼国内的超低能耗建筑产品供应商提升自身产品质量。这样，会产生一个竞优的市场环境，促进我国建筑业的进步。

随着超低能耗建筑的增多，人们逐渐会体验到超低能耗建筑的优点，也会更加理解绿色节能的理念。超低能耗建筑会不断地催化人们对绿色健康家居新模式的向往，同时推动其技术在现实中的实践应用。

---

① 德国专家测算超低能耗建筑投资成本的回收周期为60年，其内容见陕西省建筑能源协会于2020年9月发表的“国家为何如此重视超低能耗建筑发展”一文。

FOUR

04 / 低碳建筑的几项基本要求

我在陕西出生，在吉林创业，现在又来到上海，加之所从事的工作要不断奔赴国内外各个地区，在我国多数地区都有长年生活的经历，所以我对气候变化的感受相对来讲要丰富一些。

北方的朋友可以试想一下，如果冬季你的房子里没有集中供暖，那将是什么局面？而如果你居住在稍微往南一点的华北南部、华中北部地区，尤其是夏热冬冷的大平原地带，一年中的冬季，有多少湿冷天气曾带给你无尽的“魔法攻击”？又有多少高温高湿的夏季，让你在“桑拿天”里受尽温度的洗礼？

让大家做这样的体会和回忆，我其实想表达的是，我们前面说的低碳建筑、超低能耗建筑，都是希望在满足室内热舒适性的前提下做建筑节能。

多年来，研究低碳建筑技术的专家给出了低碳建筑的五项基本要求：外墙保温、高性能外门窗、高效热回收新风系统[①]、高水平的

① 新风是房间以外的自然风，相对于室内环境空气的温度，随季节的不同而不同。

建筑整体气密性[①] 及无热桥设计。这五大要求，就好像给房子穿上保温隔热外衣一样，通过低碳建筑材料，让房屋真正有效降低能量损耗。下面我们简要介绍一下超低能耗建筑的基本要求。

减少热量损失：外墙保温

实际上，我们在建筑上采用的保温措施，与此异曲同工，也是为了减少建筑的热量损失。根据保温专家的测算，我们在冬天即使穿上最厚的棉衣，其保温性能也还是低于被动式建筑外墙保温的性能，据此大家便可以感受到建筑外墙强大的保温功能。

正如我们在北方的冬季出门，都需要用棉衣将身体包裹严密，建筑外墙保温也要求包裹严密。用专业的说法就是：建筑外墙保温需连续、完整，不能有断层、明显热桥，需最大限度地降低能量损耗。

建筑外墙保温需连续、完整地包覆整个室内空间。这样，包括保温层在内的外墙系统里，温度的梯度曲线看上去就比较平滑、顺直。有经验的保温专家一眼就能看出来，这样的结构能减少热量的流失，是建筑节能最基本的技术要求。

与常规建筑相比，低碳建筑的外墙保温层厚度增加了很多。因此，外墙保温的施工，是不允许出现常规建筑中的外墙保温层脱落问题的。要避免这些问题，从业者们需要在原材料采购、节点设

① 气密性是保证建筑外窗保温性能稳定的重要控制性指标。在风压和热压的作用下，空气会从建筑物的底层大门、外门窗和外围护结构中不严密的孔洞中渗透到房屋里。

计、安装施工的全流程中进行性能优化和风险规避，顺便说一句，这个环节的工作标准是绝不能触碰的“高压线”。

防止热量流出：节能门窗

我们知道，金属的导热性非常好，也就是说保温性能很差。如果直接拿金属制作型材并组装成门窗，那么在寒冷的冬季，窗框会直接将室外的温度传导到室内，人的体感会非常差（实际上，是室内热量流到了室外）。

断桥铝合金，就是为了解决这一问题而专门设计的。

“断桥铝”这个名字中的“桥”是指材料学意义上的冷热桥，而“断”字表示动作，也就是把冷热桥打断。具体来说，因铝合金是金属，导热较快，所以当室内外温度相差很多时，铝合金就会成为传递热量的一座“桥”，这样的材料做成门窗，其隔热性能就很差。而断桥铝是将铝合金从中间断开，并采用聚酰胺隔热条将断开的铝合金连为一体，隔热条具有很低的传热系数，导热明显要比金属慢，这样热量就不容易通过整个材料，型材的隔热性能也变好了，这就是断桥铝合金节能门窗的原理。

断桥铝合金节能门窗的最大优势就是保温节能。

如前所言，断桥铝合金节能门窗自身型材的特点，可以彻底解决普通铝合金传导散热快、不符合节能要求的致命问题。这种新型材料制成的门窗，既拥有铝合金门窗不易腐蚀、不易变形、防水防潮等优点，又比普通铝合金门窗保温节能。总体来说，若家里安装的是断桥铝合金节能门窗，热量散失会减少一半，还能减少由于空调和暖气产生的环境辐射。

断桥铝合金节能门窗的抗风压性能更强。

从抗风压强度来看，断桥铝合金节能门窗要远远优于塑钢窗和普通铝合金窗。这一项指标很重要，尤其对于沿海城市的居民来说，它决定了门窗的安全性。断桥铝合金节能门窗非常牢固，在较强的风压下也不易发生诸如门窗变形、玻璃破碎等问题。

断桥铝合金节能门窗的隔声性能非常好。

门窗的隔声效果往往和门窗的密封性息息相关，胶条的质量、安装的水平、玻璃的材质等都是影响隔声效果的因素。好的断桥铝合金节能门窗用的是三元乙丙密封条，抗老化、抗腐蚀、耐臭氧，整体 5 道密封，大大提高了门窗的气密性和隔声能力。

断桥铝合金节能门窗具有较长的使用寿命。

相对其他材质的门窗而言，断桥铝合金节能门窗的使用寿命是最长的。由于铝合金的材料性能以及断桥铝型材表面所进行的涂层处理，使其具有良好的抗腐蚀性，不用担心常年的风吹日晒会让型材变脆、变形。总之，断桥铝型材稳定，抗氧化性强、防水防潮且易于保养，日常使用省心省力。

除了断桥铝合金节能门窗，还有其他几种高性能保温门窗。比如，木门窗的保温性能也非常好，因为木材本身就是很好的保温材料。还有，玻纤聚氨酯型材门窗，也是新型的节能门窗。另外，塑钢型材门窗也是一种应用广泛的节能门窗。塑钢型材在国内也曾有过一段高光时刻，但是因为很多门窗企业对 PVC 回收料的使用不当，行业出现“劣币驱逐良币”的情况，最终导致塑钢型材门窗在国内的口碑严重下降。其实在欧洲，门窗市场的主流还是塑钢型材门窗。

除了型材，门窗保温性能的另一个重要元素就是玻璃。

建筑门窗用的玻璃，厚度一般为 5 毫米或 6 毫米。玻璃的导热性虽然比金属差，但仍然是不可忽视的热量流失通道。如今，人们将玻璃加工成中空玻璃，即将两块 5 毫米或 6 毫米的玻璃，组合成一整块中空玻璃，两层玻璃中间的空腔厚度在 9~15 毫米。玻璃的四周边沿，采用丁基胶和中性硅酮密封胶双道密封。这样就有效地封闭住了玻璃间的空气，借助于导热性极差的空气层来阻隔玻璃两侧的热量传导。

优化热量流失通道：无热桥设计

低碳建筑成为主流以后，平时被忽视的热量流失通道，开始从配角走上前台，成为主角。这些热量流失通道，一般被称为热桥。房屋经过大面积的外墙保温、门窗处理后，热桥便成为热量流失的重要通道。

为了建成更节能的低碳建筑，我们需要针对热桥进行最大限度的优化、改善。热桥在常规建筑中很常见，但是在低碳建筑中却要全力避免。

我们可以利用热成像仪，去发现建筑外表面温度异常的区域。为了规避热桥，低碳建筑技术上有很多解决措施。

比如，阳台就是我们最常见的热桥之一。可以通过一种金属件将阳台板整块连接到主体结构上，而其他部位与主体结构断开。这样，原来的面传热，变成了几个点传热，就会减少热量损失。

门窗也需要规避热桥。我们平时看到的外门窗，表面看完整无缺，但仔细观察，就会发现缺陷。在低碳建筑项目上，我们需要针对门窗的安装进行专门设计，需要增加外门窗的锁点，减少变形及漏风量。这些都有助于减少热量损失，提高低碳建筑的保温性能。

最重要的指标之一：建筑整体气密性

建筑气密性，大家平时接触得很少，因为常规建筑中没有这项要求。但是，大家对此理解得却很深刻。比如，夏天开空调的时候人们都会关门关窗，生怕空调产生的凉气跑掉。

建筑气密性，与此类似。可以把房子的室内空间理解成一个气球，我们的目标就是将气球内舒适的温度保持住，防止热量散失。

当把建筑的外墙保温做得非常好，把门窗的性能提高了很多，热桥也进行了处理时，如果有缝隙就会导致室内的热空气散失出去，室外的冷空气回灌，导致巨大的热量损失。在建筑节能行业，很多老专家经常会说，“针眼大的窟窿，斗大的风”。在常规建筑中，这些热量损失占比很小，但是在低碳建筑中，这种气密性损失的热量占比会大幅提高。

整体气密性是创建低碳建筑最重要的指标之一。

高效热回收：新风系统

具备了良好的外墙保温层，性能优异的外门窗，热桥及气密性也做了专门处理，让热量损失降到了最低，这时的低碳建筑已经初具规模。

到了这里，很多人可能会有一个感受——这个房子好是好，冬季温暖，夏季凉爽，但是气密性这么好，在里面呼吸会不会受到影响呢?

我们建造的是居住起来让人舒适的房子，若没有新鲜空气，所有的舒适都没有意义了。所以，我们必须要从外界引入新鲜空气才行。

但是，现在问题又来了：直接引入室外的新鲜空气，如果这时候室外的温度非常低，把空气引入温暖舒适的室内，真的还会舒适吗?

所以，在低碳建筑中，还有一项配套标准——高效热回收的新风系统。一方面将室外的新鲜冷空气引入；另一方面又将室内污浊的热空气排出。

简单地说，带有热交换功能的新风系统，就是让上面说的这两股空气，经过一个特殊的热回收装置，将排出的热空气中的热量交换到新引入的冷空气里面，从而提升新鲜空气的温度，降低其对室内舒适性的不利影响。

新风系统还可以对新风进行过滤处理，其中的灰尘、$PM_{2.5}$、PM_{10}[①] 等都能被过滤处理。对于生活在空气污染较严重的地区的人来说，新风系统是一个福音。

建筑节能技术还有很多，如光导管技术、风力发电技术、高效的 LED 照明技术、暖通节能技术等。在低碳建筑中，有两个技术特别重要。

---

① PM_{10} 和 $PM_{2.5}$ 分别指空气动力学直径小于或等于 10 微米和 2.5 微米的颗粒物（人类纤细头发的直径是 50~70 微米）。

遮阳技术

有人认为，遮阳技术可被视为低碳建筑技术的第六大基本要求。因为遮阳技术通过一些简单的措施，就能够把大量的太阳辐射阻隔在门窗外面，从而降低室内制冷的能耗。其中，安装在门窗玻璃外侧的外遮阳，遮阳及节能效果尤其突出。

但是，外遮阳没有得到大规模的应用。一般家庭里，安装的仍是内遮阳，如窗户内侧安装的拉帘、卷帘、百叶窗等，其节能效果与外遮阳相比是极低的。相信在未来，外遮阳产品的应用会越来越多。

目前，人们采用的外遮阳措施分为两种：固定遮阳和活动遮阳。

固定遮阳，顾名思义就是利用建筑本身的铝板、石材或其他外挑构件遮挡太阳光。太阳在四季都有着固定的运行轨道，我们可以通过建筑构件的挑出长度，来控制射入室内的太阳辐射量。

一般情况下，冬季的太阳高度角比较低，阳光可以穿过固定遮阳，将更多的阳光射入室内。而到了夏季，太阳高度角比较高，同样长度的外挑构件，能够阻挡更多的太阳光。简单的措施，能够在冬季和夏季调节太阳光的射入量，从而起到建筑节能的效果。

为进一步提升节能效果，还可以使用活动遮阳。活动遮阳可以采用手动或电动的方式，自由地收合或展开外遮阳产品，从而灵活地阻隔阳光，更高效地利用太阳光。

可再生能源：光伏发电

最近几年，光伏产品得到了越来越广泛的应用。各种规范也随之而来，规范要求，所有的建筑上都应该安装光伏产品。光伏产品不仅可以为业主提供电能，而且可以将富余电能回馈给电网，为其他用户提供能源，光伏产品的安装者也可以据此获取一部分收益。这是一个双赢、多赢的建筑节能产品。

FIVE

05 / 打造房子的“呼吸系统”

上一节介绍了低碳建筑的基本要求，这是纲领性要点，我们要认识到，全球各地存在着巨大的气候差异，不同的建筑气候区，要满足室内的舒适性，必然要求有不同的技术措施。

房子离不开周边环境，环境不仅仅指阴晴、干湿、$PM_{2.5}$及PM_{10}的浓度等。要想建造健康、舒适的建筑，必须关注建筑所处的位置、地形，关注建筑位置与城市、乡村的关系，关注当地的常年气温、湿度、太阳辐射强度，关注当地的常年风向、传统建筑的风格与习俗等。

以夏季为例，中国和欧洲的气候就存在着很大的差异。我以中国和德国作为参照，经过详细的数据统计对比后发现：中国建筑的气候区更加炎热，而德国更加凉爽；中国建筑气候区的湿度非常高，而德国中部是比较干燥的。

所有的不同，都带来一个结论：德国的低碳建筑标准不能照抄照搬用于中国建筑气候区。

在德国建筑的气候环境下，最重要的是解决冬季保温问题。解决了这一问题，就基本解决了室内舒适性的问题。

与之相比，中国不仅需要在冬季进行保温，还需要在夏季进行降温、除湿。

所以无论是保温也好、门窗也好，还是新风系统、气密性与无热桥设计，在不同的地区、不同的国家、不同的城市，都可能在施工工艺、设计理念、做法及成本、材料的选用等方面，存在各式各样的差异。因此，低碳建筑或超低能耗建筑的分支将非常庞大。

若要建造真正高舒适性的节能建筑，首要的一个原则就是因地制宜。

要面对当地的建筑气候环境，研究它、分析它、利用它。针对当地气候，采取合适的建筑节能手段、措施、技术，让建筑节能与当地的环境相匹配，这样才是设计、建造低碳建筑的核心。这种因地制宜的建筑节能技术，要考虑的不仅仅是当地的温湿度等环境因素，还需要通过优化建筑的朝向、体型系数、外墙保温系统、外门窗幕墙系统、暖通系统等，采取各类合理的设计，降低建筑能耗，使综合能耗降到最低水平。

到这里，你可能会提出疑问，比如，仅在我国，平原、山地、高原地区的风貌与气候就各不相同，加之我国经度、纬度的跨越非常大，从北向南囊括了温带、亚热带、热带地区，自西向东包含了季风区、内陆区，如果既要做好各项技术和施工工艺，又要因地制宜，那么，要在低碳建筑上做多少个不同地区的低碳建筑设计施工标准？我们的报批报建和验收机制经得起这样的折腾吗？为了给房子做低碳层面的革新，这其中的隐形成本又有多少？又会给行业带来多少全新的压力与挑战呢?

要回答这些问题，就有必要强调：建筑业在为双碳目标赋能的道路上扮演着至关重要的角色，但如果为了降碳而舍弃建筑本身的根本意义，那么降碳将走向错误的方向，甚至引起相反的效果。所以，离开室内舒适性谈建筑节能，是没有意义的。建筑节能如果不能适应当地的建筑气候环境，片面地抛开建筑气候环境谈建筑节能，也是没有意义的。

所以要在低碳建筑上寻找一些宗旨，让事情变得有迹可循。

从事建筑行业特别是建筑材料行业多年，加之近年来对低碳建筑的研究，我总结出的心得是：因地制宜打造低碳节能建筑，核心在于打造房子的“呼吸系统”。

何为房子的“呼吸系统”?

在传统建筑中，受墙体及门窗等隔热保温性能不良、气密性不佳和热桥效应等影响，人们不得不“主动”借助空调、暖气、加湿器或除湿器来调节室温、湿度和空气质量。如此一来，不仅增加了能耗，还可能影响人体健康。而超低能耗建筑在极大地减少了对这些设备的依赖程度上，达到了居住环境温度、湿度皆适宜，空气清新的效果，就像会“呼吸”一样。也就是说，应用低碳建筑技术后，适量增加了建造成本，但是可以长期受益，为家人提供一个真正健康舒适的居家环境。

近百年来，人们为了追求舒适性，在室内增加了壁炉、燃煤炉、暖气片、空调等设备来提高室内温度，后来随着室内的机器、设备越来越多，形成了复杂的系统，这也提高了建筑的能耗。

未来的建筑，肯定是双管齐下的：一方面，提高建筑的各项舒适性指标；另一方面，大幅降低建筑能耗，同时将各种机器设备压缩到极致。

充分利用阳光、风力等自然资源，既能满足室内的热舒适性要求，又能减少机器设备、建筑能耗，构成了低碳建筑最核心的技术措施，这也是房屋“呼吸系统”最核心的诉求。

据此，可以想象到未来房屋的“呼吸系统”的样子和功能。

健康：可以显著改善居住舒适度，进而避免疾病发生

恒温与恒湿。借助被动式设计，能够将室内空间的温度始终维持在 20~26℃。有研究表明，室温过高会造成散温不良引起体温升高、血管扩张、脉搏加速；室温过低，又会使人的代谢功能下降、脉搏和呼吸减慢、皮下血管收缩、呼吸道抵抗力下降。老年人居住在低碳建筑中，舒适的身体状态和舒畅的心情能使毛细血管舒张平衡，减少糖尿病并发症和关节炎的发生，维护健康。低碳建筑内特有的空气过滤净化处理技术，过滤效率超过 90%，能在室外空气 $PM_{2.5}$ 浓度较高的情况下，保证送入室内的新风依然洁净，让人们远离雾霾和呼吸系统疾病。

清洁卫生。被动式超低能耗建筑的门窗具备较高的保温隔热性能和气密性能，可以有效避免内表面冷敷给人们带来的不适感，规避结露发霉问题，为人们提供一个卫生、健康、宜居的环境。低碳建筑的呼吸系统确保新风装置 24 小时运行，源源不断地给室内输送清洁新风。其特有的过滤净化处理技术，过滤效率超过 90%，保证送入室内的新风洁净，孩子因家装而患病的概率将大大降低。

安静舒适。低碳或超低能耗建筑采用的高气密性门窗有着更加优越的隔声降噪效果，纵然室外十分嘈杂，室内也可以保持安静。发表在《柳叶刀》上的一项研究称，噪声导致的烦躁等情绪可能使人睡眠不佳，并由此引发或诱发心血管疾病。低碳建筑的呼吸系统，可保证卧室、起居室和书房中的噪声常年低于 30 分贝，安静舒心的环境可以大大降低高血压的发生率并有效控制高血压。

具有完备呼吸系统的低碳建筑的优势极为凸显：温暖适宜的室温，保护人体的免疫功能；恰到好处的空气湿度、新氧萦绕的环境，极大地降低了呼吸道感染病毒的可能；静谧安心的氛围，有助于睡眠质量的提高，修复身心；新风系统能有效过滤 $PM_{2.5}$，削弱空气污染对呼吸道系统的损害，提高生命健康质量。

节能：可以实现节能减排，显著降低对化石能源的依赖

房子的“呼吸系统”将使采暖不用外界供给能源。一个被动式超低能耗建筑至少可以比普通建筑节能 90%。

以中国 81 亿平方米的北方采暖居住建筑为例，如果对现有的北方采暖区的居住建筑按被动式超低能耗建筑标准进行房屋呼吸系统的改造，则现在的 2 亿吨标准煤[①]将降低至 2187 万吨标准煤。如果到 2050 年中国北方地区的居住建筑全部改为被动式超低能耗建筑，则采暖耗煤总量可控制在 7000 万吨左右。

① 标准煤是指热值为 7000 千卡 / 千克的煤炭。

低费用：可以显著降低建筑全生命周期的运行费用

被动式超低能耗建筑的经济性体现在具有长期运行低成本的优势上。在建筑全生命周期中，由于被动式超低能耗建筑的运营及维护费用极低，具有长期成本优势。另外，在看待被动式建筑的经济性时，还应看到被动式建筑在节能减排中的实际效益。

高质量：可以显著提高建筑质量，延长建筑物使用寿命

被动式超低能耗建筑的无热桥、高气密性结构设计，结合采用高品质材料、精细化施工及建筑装修一体化，使建筑质量更高、寿命更长。

被动式房屋从原则上讲应该是“永远不坏的房子”。它的整个结构体系处在保护层当中，免受风、霜、雨、雪的侵蚀，一年四季温度基本上处于 20~26℃。

第五章

案例

临港与君旺大厦

在政策的支持下，该如何贯彻各个阶段的双碳目标、如何探索出一条切实可行的路径，是双碳道路上非常重要的一环。

未来，越来越多甚至所有的政府机构和企业都要面对绿色转型。上海市无论是政府政策引导方面，还是企业发展创新方面都走在全国低碳前列，在低碳建设实践方面有着丰富的经验。本章以点带面，通过临港和君旺大厦，以政府和企业的双视角分析它们的低碳模式，看一下它们在实践中是如何探索新模式、应对新挑战的。

ONE

01／低碳临港：临港速度跑出绿色低碳发展示范城

低碳旅游：滴水湖公园的全低碳旅游服务模式

和住在临港的朋友聊天，常常会聊到这样一个话题："如果没有滴水湖，现在的临港会是什么样子？"在我看来，如果没有滴水湖，或许现在的临港就像今天在全国出现的大大小小的城区一样，是一片千篇一律的"水泥森林"。正是因为滴水湖，才使得临港新片区焕发出勃勃生机，增添了一抹生态美和低碳美。

滴水湖的位置很特别，在上海的最东南端。它是人工湖，而且还是全上海最大的人工湖，直径约 2.6 千米，最深处约 6.2 米，总面积约 5.56 平方千米。临港主城区的规划是"一湖、四涟、七射"的蛛网式布局，而滴水湖就是布局的核心。

作为一个在临港长期工作和生活的人，我认为滴水湖公园是上海生态环境最好的地方之一，住在滴水湖附近的人是幸福的，上海每天的第一缕阳光就照耀在这里。

滴水湖公园的公共空间和滨水活动空间主要是环湖景观带，环湖景观带以“户外运动”为主题，分为儿童乐园、篮球网球运动区、帆船俱乐部等七大功能分区，游客可通过滨湖步道、漫步道、跑步道三种不同的形式亲近滴水湖，感受这里的低碳生态环境。

A 区的北岛生态公园，保持着原有的植物群落和生态群落，通过乔、灌、草、花卉合理搭配，充分发挥绿化的生态功能。

B 区的山地自行车体验场地，道路两边种植了百子莲和石蒜，使得自行车道和步道具有趣味性和观赏性，色叶树搭配花灌木的设计营造了丰富的季相变化。

在这里可以有多种旅游体验，静谧的、活力的、自然的、艺术的。每当空闲的时候，我都会去滴水湖公园散步，一到那里整个人就会感到无比放松惬意。每逢节假日，我的很多亲戚朋友，也会来这里观赏游玩。

2022 年国庆长假，滴水湖公园日均接待游客近 13 万人次，旅游前景愈发向好，已经成为上海旅游休闲的新地标，这样的成果让每一个在临港的人都感到骄傲和自豪。

很多人说这是临港快速发展的结果，但是我认为独特的低碳生态模式也是滴水湖公园吸引游客的一个非常重要的原因。

滴水湖公园在低碳旅游服务模式上付出了很多努力，做出了大量的探索，尤其在低碳交通、绿色建筑、游客意识等方面都做出了创新之举。

低碳交通：交通运营全面低碳化

作为一座崭新的生态低碳旅游新地，滴水湖公园大力倡导绿色出行方式。为实现零排放目标，采取了新型的交通运营服务模式，不同的游客可以选择不同的低碳出行方式。

喜爱运动的游客可以租一辆氢能助力自行车[①]，滴水湖公园的重点区域与交通枢纽周边的自行车租赁点400米的覆盖率已经达到100%。2022年，为解决一环、二环带停车场库与环滴水湖区域间的出行服务问题，相关部门在停车场、公交站点以及地铁站附近等区域设立了40余个助力车停放点，投放了1000余辆氢能助力自行车。

临港已经投入使用新能源车区域性租赁系统，这也是上海首个面向游客的租赁系统。不仅价格便宜，还可以无缝对接地铁，既环保又时髦。新能源车分时租赁系统的建立，是临港建设绿色交通示范区的一部分。

不会开车或骑车的游客，可以乘坐免费的新能源公交车。想象一下，当你走出地铁站，坐进预约好的新能源公交车，不必“踩油门”，就能潇洒地在滴水湖周边环湖观光，是不是很方便、很环保。

为方便游客给新能源车充电，周末和节假日，滴水湖畔商务楼宇还会对外开放停车库（场），以缓解停车难题，提升游客的出游舒适度。2022年，部分楼宇的充电桩已投入使用，新能源汽车车主能及时为爱车充电，前来游玩更加便利。比如，百润时代大厦设置了18个充电桩，配备了快充和慢充两种设备。

早在2017年，滴水湖公园的公交运营就已完成新能源车辆

---

① 与普通电动自行车没有太大区别，不过它的后座支撑架上竖着两个像轻便打气筒似的东西——储氢罐。

100% 替换非新能源车辆；公务、环卫车辆完成新能源车辆 80% 替换非新能源车辆。非新能源车辆进入主城区内部，需转换为新能源公交车和微公交。同时，还加强了充电桩等基础设施建设，并出台相应的优惠政策，鼓励游客使用新能源车辆。

绿色建筑：低碳建筑、清洁能源双管齐下

建筑一直是碳排放大户，滴水湖公园从低碳旅游景区格局入手，发展低碳化接待居住设施设备，采用先进的低碳处理技术。

已经建成的宜浩佳园采用的就是“集中集热－分户水箱”太阳能热水系统和超前的“打开龙头就能饮用”的直饮水技术。而且，该太阳能热水系统已申请建设部可再生能源建筑应用示范工程推广项目。宜浩佳园太阳能集热面积约 1.4 万平方米，每年节约标准煤约 1760 吨，每年二氧化碳减排量约 4350 吨。

能源方面，滴水湖公园已着手构建绿色低碳综合能源供应体系。

正在建设的金融湾综合能源站，不但为临港打造双碳背景下的能源互联网典型示范做出有益的探索，同时也在统筹优化区域电网资源，促进区域能源供给清洁化、能源消费电气化、能源利用高效化发展等方面具有十分重要的意义。这是国网上海市电力公司与临港集团合作的项目，是滴水湖公园绿色低碳的综合能源供应体系在上海进入加速发展的一个标志。

建成后，滴水湖金融湾综合能源站将主要为区域内的酒店及办公、商业和文化建筑提供清洁、环保的供冷、供热服务。届时，无论是游客，还是居民的居住体验，都将会提升一个台阶。在夜间使

用低谷电进行制冷或制热，白天优先释放蓄水箱中储存的冷、热量，为整个片区提供冷源或热源，无法满足时再开启高效制冷机组和风冷热泵进行补充。通过减少制冷、制热主机在白天高峰时段的开启，每年累计可为电网“削峰填谷”[①] 近 1800 万度的电量。

在综合能源站覆盖的供能范围内，楼宇无须自建冷热源，用户端的燃气使用量可减少近 90%，供能设施占地面积可缩减约 80%，进而释放近 1.4 万平方米建筑面积的商业价值。同时，由于站内采用高效制冷机组，并借助智慧能源管理平台对设备运维模式进行精细化管控，整体能源利用效率可提升近 15%，折合年均减少碳排放量 4000 余吨。

2021 年 9 月，为更好地推进临港绿色低碳建筑的建设发展，临港印发了《中国（上海）自由贸易试验区临港新片区绿色建筑创建行动实施方案（试行）》。实施方案要求很高，无论是民用建筑还是工业建筑全部需要执行绿色建筑二星及以上标准，政府投资项目和大型公共建筑（单体建筑面积≥ 2 万平方米）、地块标志性建筑、具有影响力的建筑、环境敏感地块建筑及其他有必要提高绿色标准的建筑，需要执行绿色建筑三星级标准。临港滴水湖核心片区及综合产业片区 ZH−02 单元内的新建民用建筑应符合《上海市超低能耗建筑技术导则》要求。

此外，实施方案还在诸如提升建筑能效水平，应用绿色建筑新技术、新材料，绿色建材与资源循环利用，组织实施形成闭环管

① 削峰填谷是调整用电负荷的一种措施。根据不同用户的用电规律，合理地、有计划地安排和组织各类用户的用电时间，以降低负荷高峰，填补负荷低谷，减小电网负荷峰谷差，使发电、用电趋于平衡。

理，强化绿色建筑闭环管理，加强事中事后监管，重点推进绿色建筑的验收和运维等方面都做了要求和规划。

为进一步支持绿色建筑的发展，2021 年 8 月，临港还发布了《中国（上海）自由贸易试验区临港新片区建筑节能和绿色建筑示范项目专项扶持资金申报实施细则》，开展绿色建筑相关补贴工作。

在绿色建筑相关政策的引领下，临港的建筑行业从业者们勇于创新，大胆实践。实施方案虽然大大提高了招标、建设的门槛，但也为建筑从业者们指明了未来前进的方向。秉承低碳政策要求，在低碳建筑方面，临港一定会做得越来越出色，我和我的同行们也会努力前行。

游客意识：培养游客低碳旅游意识

游客是旅游活动的主要参与者，很多游客对低碳旅游的认知还仅仅是一种“新奇”的概念，并没有为低碳付诸行动。

例如，一直在倡导公众绿色出行，多采用公共交通工具；自驾外出时，尽可能多地采取拼车的方式；在旅游目的地，多采用步行和骑自行车游玩；在旅途中，自带必备生活物品，不使用酒店提供的一次性用品；树立生态环境保护意识，自觉维护景区的环境秩序，保护景区的动植物……

很多游客在这些方面并没有真正践行。那么，如何加深游客低碳旅游意识，让这种意识成为游客的一种出游习惯，在这方面滴水湖公园做得非常出色。

滴水湖公园大力支持各种团体组织举办低碳活动，宣传低碳意识，通过活动加深游客的低碳意识。

另外，滴水湖公园还通过一系列大型活动来扩大自身影响力，走出上海，走向全国和世界，从而让更多的人意识到低碳生态的重要性。比如先后举办了“滴水湖杯”趣味自行车赛、全国 OP 帆船锦标赛、“滴水湖杯”龙舟赛等。除了举办传统的赛事活动，还举办了中日韩三国 OP 帆船赛和全国青年帆板锦标赛。

除了这些赛事，滴水湖公园还加强了网站建设，及时更新旅游信息。例如，在新浪上建立微博账号来宣传滴水湖旅游相关信息；与行报和天旅网签订宣传和销售协议；与智选假日酒店、上海中国航海博物馆签订互惠互利协议；与洲际酒店和驴妈妈网站商定合作协议。

滴水湖公园通过一系列运作、比赛、与网站合作，在不断传达自己的低碳理念。

滴水湖公园已经成为临港的一张华美的名片，在低碳意识、环保意识越来越深入人心的今天，低碳旅游逐渐被广大游客接受和践行，滴水湖公园正在开启低碳旅游新时代。

TWO

02／临港垃圾分类：从“扔进一个筐”到“细分四个桶”

2019 年 7 月，我刚来上海不久，恰逢“史上最严”《上海市生活垃圾管理条例》[①]出台，上海由此成为全国第一批实行生活垃圾分类的城市。此后，“垃圾分类”相关话题一直是社会各界讨论的热点：怎么区分干垃圾、电池是什么垃圾、哪些是有毒垃圾……

在此之前，多数人可能对垃圾分类并没有太过重视，也没有养成分类习惯，无论什么东西都往一个垃圾桶里面倒。其实，以前也有垃圾分类标准，标准也相对明确，而且每隔大约 5 年分类标准就会有所调整。

以上海为例，截至 2023 年上海垃圾分类大概分为五个阶段：1995—1998 年的试点阶段，分类标准为“有机垃圾”“无机垃圾”

① 《上海市生活垃圾管理条例》是上海市人大制定的地方法规，由上海市第十五届人民代表大会第二次会议于 2019 年 1 月 31 日通过，自 2019 年 7 月 1 日起施行。

和“有毒有害垃圾”；1999—2006年是推广阶段，分类标准为“干垃圾”“湿垃圾”和“有害垃圾”；2007—2013年是调整阶段，分类标准为“废玻璃”“有害垃圾”“可燃垃圾”“可堆肥垃圾”和“其他垃圾”；2014—2019年是实施阶段，这次分类分为居住区和企事业单位两大类，前者按照“有害垃圾”“玻璃”“可回收物”“其他垃圾”分四类，后者按照“可回收物”“其他垃圾”分两类；自2019年7月至今是第五次分类，也就是现在的“四个桶”：“可回收垃圾”“有害垃圾”“湿垃圾”“干垃圾”。

新条例的出台，也将公众对垃圾分类的“扔进一个筐”观念拉回到正轨上来，形成了现在所规定的“细分四个桶”。随着国家对垃圾分类、环境污染的问题越来越重视，新条例的出台也意味着，我国的垃圾分类管理将进入一个新时代，即垃圾分类精细化管理时代。

国家下了很大决心要做好垃圾分类，反复多次学习了《上海市生活垃圾管理条例》后我发现，其中“改善人居环境，促进城市精细化管理，维护生态安全，保障经济社会可持续发展”这句话说明国家已经把垃圾分类问题，提高到生态安全的高度，可见对垃圾分类问题的重视。

如果说，2019年上海是全国垃圾分类新标准的首批试点，走在全国前列，那么临港就走在了上海垃圾分类的前列。我一直在临港工作生活，亲眼见证了临港垃圾分类管理是如何一步一步成熟发展起来的。实施《上海市生活垃圾管理条例》以来，垃圾处理工作人员的效率有很大提升，垃圾站后期处理难度大幅降低，节省了大量的清洗垃圾用水。如今的临港基本实现了垃圾分类“扔进一个筐”

到“细分四个桶”，从“减源头”到“再利用”。

2020 年 6 月，上海市第三方对临港居住区垃圾分类测评达标率提升至 95%，单位达标率达到 97%，实现了质的变化。临港在垃圾分类方面取得这样的成果，一个重要原因是对高新科技广泛、深入的使用。

广泛应用高科技设备

2020 年 6 月，临港首台垃圾分类智能交投机投入使用。实行垃圾定时定点投放后，会给公众造成麻烦，尤其对于一部分上班族来说更是如此，白天他们会错过投放时间，导致垃圾不得不放在家里，时间稍长垃圾就会变臭。有了智能交投机后，居民可以 24 小时投放垃圾，更加方便。

高效信息化展示平台

2020 年 7 月，临港推出生活垃圾信息化展示平台，垃圾信息的高效处理，给工作人员带来极大的方便。平台不仅具备垃圾四分类实时“收、运、处”各环节数据的采集、统计、分析功能，还有涵盖收运过程的现场监控、计量、积分、结算等多种功能，对生活垃圾的智能化运维、大数据分析等具有显著提升作用。

相关人员还可以结合小区分类监控、居民端装修垃圾收运、大件垃圾线上申请集中回收、建筑垃圾“收、运、处”等对平台进行智慧化功能开发，通过“一张屏”，实现临港在无废城市建设管理方面的创新突破。

危废处理“一站式”服务

危险废物垃圾的危害很大，若处理不好将对生态环境产生巨大的影响。为更好地处理企业的危险废物垃圾，临港与相关企业大力合作，充分发挥它们在环境领域的专业能力和全产业链优势，为本区工业企业提供工业危废从分类、贮存、处理处置方案制订等源头管理咨询，到收集、运输和处理处置的“一站式”服务，高效地解决了企业的“后顾之忧”。

临港工业危废高值资源化与集约化示范基地正在建设之中，建成后将全面服务于临港集成电路、人工智能、生物医药、航空航天、高端制造、新能源汽车等产业。

环保管家综合服务基地

基于对生态和环境管理的现实需求，临港建立了环保管家综合服务基地。基地可以提供以生态环境监测、环境保护监管、环保状态评估等为核心的综合环保服务。有了“环保管家”，临港在环境监管、行政决策、环境风险管理等方面就有了科学化、可视化、实时化、一体化的多维数据支撑。

临港是先行开发以上四种应用的区域之一，取得了非常好的效果。面对日益增长的垃圾产量和环境状况恶化的局面，如何通过垃圾分类管理，最大限度地实现垃圾资源利用，减少垃圾处置量，改善生存环境质量，是当前世界各国共同关注的现实问题之一。资源有限，垃圾是放错地方的资源，某种程度上也是地球上“不断增长、永不枯竭”的资源，分类之后可以提高垃圾的资源价值和经济价值。既能保护环境，也能节约资源，因此，把垃圾分类做好并坚持下去，功在当代、利在千秋。

THREE

03 / 轨道上的低碳临港

2022 年 8 月，临港发布了 22 个重点项目投用《“智慧、低碳、韧性”城市行动方案》，此次集中投用方案的重点项目中，除了产业项目的投产，也有诸多文化创意、商业旅游等项目相继运营，不过，更吸引我注意力的是一批低碳市政交通项目的陆续完工建设。

早在 2021 年 1 月，临港的“十四五”交通规划[①]中，临港提出了做国内交通“先行官”的区域定位，适度超前、优化提升，加快建设“对外高效畅达、对内便捷绿色、管理智能便民”的综合交通体系，是未来几年临港交通规划建设的主旨。细致观察临港在交通建设领域的各项举措，我发现种种措施不仅在功能性上逐步迈向完备，而且更难能可贵的是，这些举措无不体现着低碳、环保、绿色的特点，对全国低碳交通的推行有着极大的借鉴意义。

① 该规划为加快建设交通强国，构建现代综合交通运输体系，根据《中华人民共和国国民经济和社会发展第十四个五年规划和 2035 年远景目标纲要》《交通强国建设纲要》《国家综合立体交通网规划纲要》而制定的规划。

交通体系：优先发展绿色公共交通体系

临港的思路是非常清晰和可行的，低碳交通，先从轨道做起，包括公路、铁路、海路、空运等。车辆要在路上行驶，飞机和船舶也不会脱离航线，而公路、铁路的建设，又离不开大量的建筑材料，因此，从轨道入手，是以基础为抓手的、追本溯源的举措。

在临港“十四五”交通规划中，公共交通转型为绿色、智慧体系占有较大比重的篇幅。临港要在“十四五”末期，实现公共交通出行率达到 80% 以上，新增公交车新能源、清洁能源占比要达到 100%，第一个指标是预期性，第二个指标是约束性。也就是说，无论如何，到 2025 年，临港将不再有任何排碳的公共交通工具。

到 2025 年，临港要建成中运量公共交通建设里程 50 千米以上，常规公交线路总数达到 91 条，总里程达到 965 千米，主城区建成区公交站点 500 米覆盖率达到 80% 以上，新增公交站点智能化覆盖率达到 100%，打造真正的绿色、智慧公交。

事实上，临港已经走在了前面，甚至走了很远。比如，地铁 16 号线完成了龙阳路枢纽与滴水湖路段的建设，新片区范围内设站 3 个，包括滴水湖站、临港大道站和书院站。2023 年以来，16 号线工作日日均客运量稳定在 20 万乘次，年均客流量稳步增长。

据临港综合交通“十四五”规划显示，到 2019 年年末，临港已有公交线路 67 条，运营里程 684.6 千米，公交站点 563 个，站点 500 米半径覆盖率约 47.8%。整个新片区内，涵盖 6 处公交枢纽、40 处公交首末站和 3 处公交停车场。

区域内高覆盖率的公共交通路网，加之投入公共交通运输的车辆，全部由新型零碳能源驱动，基本形成了公路领域的绿色公共交通体系。我了解到，为了推进新能源基础设施建设，临港还将继续优化智能充电桩、直流快充、交直流一体化充电桩的空间布局。产业方面，支持新能源汽车发展，适度超前布局燃料电池汽车终端设施，实现新片区新增公交车辆清洁能源化达到 100%。

交通管理：提供智能便民的交通管理服务

低碳轨道交通，有两件事不可回避：一是绿色低碳；二是高效便捷。如果采用低碳轨道交通、绿色公共交通，其结果让出行变得不再高效和便捷，这样的低碳轨道交通是不成功的。

在这一点上，我和临港管委会的有关负责人在工作之余有过探讨，他们在新片区内做过较为翔实和全面的调研，目前临港的公共交通存在两个问题。

与中心城区快速联系不够快捷的问题。临港与上海国际航空枢纽、铁路枢纽联系效率较低，到浦东和虹桥，基本靠自驾，时长分别为 1 小时和 2 小时。所以，目前临港缺少与中心城区直接联通的大运量快速化公共交通，出行效率依然有待提升。

道路和停车设施供给水平不足的问题。与其他新城相比，新片区路网密度偏低，且存在“断头路”、级配不合理等问题。停车配建指标偏低，设施供给分布不均衡，节假日旅游景点的停车供需矛盾突出，存量资源尚未被有效利用。

我们不妨根据这两个问题，总结在临港推行低碳轨道交通的核心所在。

与市中心联系不便捷、停车设施供给不足，归根结底，是公共交通服务水平需要再提升。目前临港的公共交通情况给我最大的感受是，新片区内缺少服务组团之间的局域线、中运量等骨干公交，组团之间通勤时长较长甚至无直达通道，公共交通服务水平也与市区存在差距。除此之外，新片区内部常规公交服务分布不均衡，如滴水湖核心片区线路较多，而新兴产业片区等有效覆盖不足。

停车服务方面，临港“十四五”交通规划显示，截至 2020 年 9 月，临港主城区共有停车泊位 12.3 万个，其中配建泊位约 11.4 万个，占比 93%；路外公共停车场 37 处，总泊位 6155 个；道路停车路段共 55 处，总泊位 2571 个。这样的保有量，对于数百平方千米的临港来说，是远远不够的。

在提升交通服务方面，未来的临港是这样计划的。

要解决组团之间交通水平的提升问题，到 2025 年，组团之间公共交通平均出行时耗缩短 1/4。10 万人以上组团 / 新市镇与核心区逐步实现一快一主联系，10 万人以上组团 / 新市镇之间实现一主一辅联系；公共交通占机动化出行比例提高 15%，达到 40% 以上，主城区建成区公交站点 500 米覆盖率达到 80% 以上；骨干路网基本建成，核心区路网密度达到 6 千米 / 千米^2。

要解决对外交通进一步畅达的问题，临港要在“十四五”末期，初步实现“15、30、60、90”的出行服务目标，即 15 分钟可达浦东枢纽、30 分钟可达龙阳路枢纽、60 分钟可达虹桥机场、90 分钟可达长三角毗邻城市。

要强化停车设施供应和运营管理，完善以需求管理为导向的静态交通政策，道路停车要在总量控制的要求下，建立道路停车泊位动态调整机制，根据周边停车资源动态调节泊位。

未来方向：MaaS技术的应用，是未来低碳交通的方向

之所以说临港的低碳轨道交通走在了前面，不光是因为硬件的建设进展和政策的推进速率，更重要的是，我注意到在临港“十四五”交通规划中，提到了对 MaaS 技术的应用与推广，这个提法是首创性、革新性的。

MaaS（mobility as a service）意为出行即服务，也就是说，在这种技术的帮助下，未来的人们，只要是在出行的路上，就处于被提供服务的过程中。该技术是为解决因城市的迅猛发展引起交通问题日趋严重、出行者出行困难以及交通加剧引起空气污染、碳排放而诞生的。

MaaS 具有“共享、一体化、绿色”的特征。MaaS 可以简单地定义为“使用一个数码界面来掌握、管理与交通相关的服务，以满足每一位出行者的交通出行需求”，如“滴滴打车”，就可以被视作一个 MaaS 的初级阶段。

MaaS 的工作过程是将各种公共交通方式及私人运输服务进行整合，然后为出行者进行门到门的行程规划、订座、票据及付费等，最后通过出行者手持终端的单一 App 提供门到门的交通服务，满足出行者的交通需求。

很明显，这种方法最大的作用在于解决了出行者的“换乘困难”及“最后一公里”两大难题，通过 MaaS 改变出行者的交通观念，降低了对私家车和其他传统交通方式的依赖。

我认为，MaaS 是交通领域低碳革命必备的“软措施”，除了新能源、电池技术、氢能等低碳、零碳硬件手段，为避免低碳革新中快速迭代传统固定资产而导致的一系列问题和损失，通过 MaaS 技术，能够让低碳轨道交通变得更平滑。

总结起来，临港的轨道交通，其借鉴意义主要分成三个领域：体系构建、服务提升、技术依托。我想，既然碳中和不可能被改变，那么各个城市不妨都采取类似临港的措施来实现交通领域，特别是公共交通领域的低碳、零碳，这将会给整个社会带来巨大的机遇和进步。尽管每个地区的经济发展水平、社会生态乃至民俗风貌会有不同，但决策者只要本着因地制宜的原则，相信都能创造出低碳轨道交通的自有模式。

FOUR

04 / 低碳建筑模式实践案例全过程解析：君旺大厦

随着建筑科技的进步和环保意识的加强，人们的居住理念也正在发生变化，尤其在“双碳”的大背景下，绿色节能建筑正在大步迈入我们的生活和工作中。

作为建筑行业的一员，君旺集团一直把提升绿色建筑的综合性能和品质当作第一要务。正是秉持这样一种使命，我们在建造集团总部大厦时就一直憧憬着，把绿色节能技术和智慧科技更好地应用在这个项目上。

我经常去欧洲出差，每看到设计精美、空间独特的建筑，就会拍照保存，慢慢地，头脑里就有了君旺大厦的轮廓。很有缘分，这个项目与德国罗昂设计公司合作，并且由资深的Frank先生担任总设计师。

因为方案既要符合超低能耗建筑要求还要达到我的审美追求，Frank先生、徐智勇先生和我经过了多次讨论才最终定稿，那些在办公室品着威士忌、生蚝店喝着乌克兰红酒讨论的场景至今还历历在目。很幸运，项目方案最终赢得认可。

建筑能否给人以美感，整体设计非常重要。在室内设计方面，我们是与 FTA 建筑设计公司合作的。我们的设计理念是在体现海派文化及金融企业文化的同时，兼顾与周边地标建筑及相邻地块建筑的协调发展。君旺大厦从城市的视角出发，强调建筑与环境的相互渗透，通过打造屋顶绿化将城市公园的绿意逐级延伸到空中，让君旺大厦更多的楼层亲近自然，从而成为休闲、交流、会客、观景的综合平台。

从外观上来看，君旺大厦给人的最大感受就是线条精致、现代、科技。建筑风格超越了工业时代的硬朗呆板，增添了一股浓厚的艺术气息。

当然，这些仅是君旺大厦“美”的一部分，它与其他常规建筑最大的区别在于低碳节能。君旺大厦是在满足现代建筑设计理念，并结合超低能耗技术以及绿色建筑的标准下进行设计的，这在国内外现有建筑项目中屈指可数，当然建造的难度也跟着直线上升。

所以，在君旺大厦项目的建设上我下了很大决心，我常常对同事们说：“我们必须笃定发展绿色建筑、建材，在实践中践行绿色企业理念。”我的目标是将君旺大厦打造成建筑领域绿色超低能耗的地标建筑，希望它能够起到示范作用，带动整个行业对超低能耗的推广和发展，这对集团和整个行业的绿色低碳发展均具有重要意义。

君旺大厦项目的定位为绿色建筑三星、超低能耗建筑，建成后，将会是一个全新的低碳环保、节能减排、健康舒适的科创空间。我们在建筑设计阶段就开始对君旺大厦进行低碳优化，并从楼体设计、建材选择、低碳技术运用等多方面落实低碳节能理念。

楼体设计方面，在设计君旺大厦楼体和立面造型时，我们充分考虑上海地区的地理位置和光照，如长江入海口、亚热带季风性气候、光照充足等自然环境因素，充分利用光照和通风条件，尽可能减少后续能源需求。而且，我们还通过优化建筑围护结构，最大限度地提高建筑的保温、隔热和气密性能。

为此，在整个设计过程中，我们面临着各种各样的难题。对于以下三个问题我印象非常深刻，我们和设计团队反复研讨后才做出了非常有效的处理方案。

天窗采光好但能耗高的问题

君旺大厦有的楼层独立办公室比较多，这就会造成电梯厅等中心区域相对沉闷。所以，在设计过程中考虑采用天窗将外部光线引入，以解决这一问题。但是，与一般外窗相比，天窗的太阳辐射强度要高出 3~4 倍，这将极大地提高室内负荷和能耗，对于其他建筑来说并不存在太大问题，但这与超低能耗建筑降低能耗的要求是相悖的。

最后，经过多轮讨论，我们决定采用发光天棚和 LED 照明等措施，来制造一种类似天窗的设计效果。这样不仅可以改善室内的空间感和照明，同时还能避免天窗带来的高能耗问题。

室内空气质量保障的问题

在室内空气质量方面，我们面临的一大难题是美国 WELL 标准认证。君旺大厦是一栋以办公为主的建筑，除了符合绿建三星、超低能耗建筑的标准，我们还计划申请美国 WELL 标准认证，这一标准对室内环境有着极高的要求。

敞开式的办公环境、多面通风的开窗设置、必要的新风设置，已经为君旺大厦办公区提供了良好的空气环境和采光环境。但是在美国 WELL 标准中，这些还不够，我们还要考虑室内新增污染源的控制问题。

解决办法是将用餐区设置在外窗区域，过渡季节可利用自然通风，减少气味在室内扩散；将打印区设置在近核心筒区域，这里靠近新风系统的排风口，以最短路径排除废气，可有效减少对办公区域的空气污染。最后，通过平面布局优化，结合暖通新风、排风口与开窗位置，将室内空气污染源问题有效解决。

会议室相关的问题

现代办公始终存在着一个矛盾：一方面，需要一种静谧、开阔的空间氛围；另一方面，电话沟通、小型会议又特别频繁，势必会对敞开办公区造成影响。考虑到这些问题，我们增加了小型会议室和电话亭，通过空间分隔和隔声处理，减少电话或会议的声音对办公区的影响。

然而，在会议室空间内还存在着另一个更加严重的问题：平时会议室无人，不需要太大的空调设备和新风量，如果配置太大的空调设备和新风量，势必造成能量浪费。但是一旦开始会议，室内的电脑、投影设备较多，加之人员聚集，空调负荷会急剧上升，此时所需要的空调设备和新风量，又可能无法满足要求。为了解决这些问题，我们尽量将会议室布置在办公区的中部，不靠近外窗。这样能减少室外太阳辐射带来的热量，避免空调负荷过高。

然而这个问题解决了，却又带来了一个新的问题：因为不靠近外窗，内部采光不够，需要用灯具来照明，反而增大了建筑负荷。针对这个问题，我们将会议室的外墙设置为玻璃隔断，最大限度地引入室外光线，减少对照明灯具的依赖，也能降低建筑负荷。

此外，我们还通过创新性的设计，减少会议室在无人使用时制冷制热设备的运行时间，降低新风量。在有人使用的时候，又能够第一时间启动设备，增大新风量，最大限度地满足会议室这一特殊使用类型对温度、湿度和新风量的要求。

这样的设计，又可以为整个楼体减少部分能源消耗。

建材选择方面，即绿建方面，我们对室内的装饰材料、采光、通风和建筑的节能、健康等方面进行全面把控。从景观的角度，我们也充分考虑不同视角下景观的效果，在不影响功能性的同时保证观赏性。

建筑材料方面，我们尽可能使用力学性能、耐久性和耐腐蚀性突出的新型环保材料。不仅如此，我们还通过外立面的遮阳构件、建筑自遮阳、调整外窗朝向、设置电动遮阳等方式，降低外窗综合遮阳系数，减少碳排放。

低碳技术方面，作为行业头部企业，我们已经在超低能耗建筑节能领域深耕多年，不断研发创新，推出了多项集绿色、环保、节能于一体的新型智慧产品，君旺大厦就是这些智慧产品极其重要的载体。

建造过程中，我们广泛地应用了各种低碳建筑节能技术，如太阳能、水回收系统以及智能集成系统等。通过新风系统的高效冷（热）量回收利用，君旺大厦的采暖和制冷需求显著降低。结合上海的气候环境，我们对君旺大厦的室内温度、湿度、空气健康等采用分区控制、等温除湿、智能监控等手段来保证舒适。还通过有效利用自然采光，降低对主动照明的需求，从源头降低君旺大厦的运行能耗，从而降低建筑全生命周期的碳排放。

低碳技术研发一直是我关注的重点，长期以来，我和我的同事们都全力奋斗在建筑节能技术研究、产品研发和系统服务的前线。我们与中建八局科技公司建立了长期合作关系，以君旺大厦为切入点，共同打造低碳建筑、零碳建筑标杆项目，为建筑节能产业的蓬勃发展提供强有力的技术支撑。

在建筑的碳排放周期中，运行阶段占了相当大的一部分。在后期运行能耗处理方面，君旺大厦的电梯全部采用了带能量反馈的驱动系统，生活设施采用了生活热水节能设计、太阳能光伏发电节能设计以及能耗智能监测设计等技术，通过这些技术的预先植入，确保君旺大厦在运行阶段可以充分利用可再生能源，最大限度地降低能耗。

君旺大厦通过对能耗的监测，收集能耗运行数据，为国内的绿色超低能耗建筑提供高价值的实体样板。

在君旺大厦的建造过程中，对于很多技术我们都有突破与创新。在场地的设计中，我们采用了一种新型的海绵设施设计，如透水铺装、下凹式地面、雨水收集等。而且，我们还率先将君旺大厦项目与临港的市政管网充分融合，将君旺大厦打造成临港海绵城市的重要组成部分。

根据控制目标，结合君旺大厦地块地形、地质条件、地下水情况、周边现状、市政雨水管线接口条件，开发新技术、利用新设施使君旺大厦融入临港整体的建筑、景观、排水、道路等工程设计当中，以实现削减径流污染、净化水质的目标。

经模拟计算，君旺大厦全年累计耗冷热量降低幅度为36.5%，高于《上海市超低能耗建筑技术导则（试行）》[①] 中规定降低30%的要求；君旺大厦年供暖空调、照明、生活热水、电梯一次能源消耗量的降低幅度为52.5%，降低幅度也高于《上海市超低能耗建筑技术导则（试行）》规定的降低50%的要求。

在临港这片发展的热土上，君旺大厦将于2023年底建成，项目建成后，将成为华东地区单体面积最大的智能化绿建三星及超低能耗建筑办公示范建筑。君旺多年累积的技术经验，将在这个项目中开花结果，项目建设也将为我们在超低能耗建筑节能领域下一阶段的发展奠定基础。

未来，我们会以此为基点，以实际行动践行绿色企业发展理念，以节能减碳打造超低能耗建筑“新名片”，持续创新，助力临港、上海以及全国打造开放创新、智慧生态、产城融合的现代化新城，构建人与自然和谐发展的新格局。

① 上海市住房城乡建设管理委员会为进一步推进建筑能效水平提升，在借鉴国内外超低能耗建筑建设经验，并充分结合上海地区气候特征和用能习惯的基础上组织编制的导则。

第六章

意识

践行低碳，路在脚下

在国家层面，碳中和更多地以实现其目标，进而做出相关公开决定，举办各类重要会议或活动，对下一阶段的技术更迭、政策导向、产业布局调控等做出计划和部署。而在企业层面，碳中和更多地侧重于聚焦技术的提高来达到节能减排的目的。从形式上看，普通人可能会觉得很难以个体的方式广泛而深入地融入和参与其中。更何况，碳中和目前在社会上属于非强制性行为，更多的是依靠个人对环境保护和气候变化的感知程度来践行。

在这样的情况下，意识的作用就显得尤为重要。个人在碳中和的大势中想要抓住机遇并有所作为，需要先从思维上做根本的改变。只有先做一个“低碳人”“降碳人”乃至“零碳人”，才有继续研究碳中和深层次领域内容的可能性。

ONE

01 / 低碳饮食，你准备好了吗？

在实现碳中和的路上，尽管存在博弈，有分歧和争论，但全世界乃至全人类从没像现在一样，保持高度统一的总体目标，并分别采取相应的自救措施，以低碳、零碳作为具体手段来抑制全球气候变暖的趋势。

对于零碳而言，技术转化也好，政策约束也好，不论科技与工具多么先进，最终付诸实践必须依靠人。

或许大多数人不懂增加碳吸收的技术，也不从事减少碳排放的工作，但不得不承认，碳排放和这个“大多数人”是密不可分的。只有树立了意识，才会了解作为个体，即一个普通人在减少碳排放上如何去做。

要知道，碳排放无处不在，只要有衣食住行，就会产生碳排放。《史记》中记载着一句家喻户晓的话：“王者以民人为天，而民人以食为天。”自古以来，吃都是头等大事。

我们吃的食物，不论是农作物，还是动物，其耕种、养殖、加工，都要涉及土地利用、产业链条，也就势必涉及排碳。

既然民以食为天，我们不妨就从吃饭入手，探讨碳中和领域该如何树立低碳饮食的意识。

2018年，《科学》杂志的一篇文章显示，食品行业的碳排放在当年占全部人为碳排放的26%，而在行业的细分里，由高到低为畜牧业和渔业占比31%、粮食种植占比27%、土地使用占比24%、供应链占比18%。

大家一定会想，既然全球近三成的人为碳排放都在食品行业，为什么大家却只关心新能源呢?

因为与新能源行业不同，食品行业革命性的新技术少，鲜有替代技术。所以在碳减排上，食品行业反倒是真正面临着“巧妇难为无米之炊”的困境。

也许你又会问，既然食品行业不能像发电、建筑、交通等领域那样，采用替代能源或者革新生产技术来实现碳减排，那么低碳饮食又从何谈起呢?既然食品的加工生产技术在当下还不能实现减排，那么现在提出的低碳饮食，是不是自相矛盾了呢?

这就是我在开篇强调的意识问题：食品工业和其他产业不同的是，食物不吃就会坏，因此从生产到最终消费的各个环节都存在着巨大的浪费。

既然技术的问题难以短期突破，而人又不能因为追求低碳饮食而舍弃必要的营养，那么低碳饮食的意识，就必须侧重厉行节约、杜绝浪费的方向。

当然，如果只谈杜绝浪费，而不告诉大家该怎样杜绝浪费，那么在这里谈低碳饮食的意义就大打折扣了。所以，有必要再讲一下，低碳排放环保饮食应该注意哪些要点。

低碳排放环保饮食对世界环境有非常积极的意义，一定会是未来饮食发展的方向，但是这个概念太新，以至于我们还没有准备。所以，一定要避免陷入某些误区。

注重实际：避免极端环保主义饮食的误区

部分极端环保主义者[①]倡导素食，认为动物蛋白产生的碳排放高。但生态系统是一个动态平衡的过程，畜牧业和渔业所产生的动物蛋白质并不会因为我们不吃而消失。

现阶段，畜牧业还远未发展到惠及多数人的程度，所以我们应该思考的是如何更高效地利用动物蛋白质，因为环保理念而完全素食的实际意义并不大。

低碳饮食，其核心目的是地球和人类可持续发展，非黑即白的极端环保饮食会进入形式大过实际的误区。

公正平等：看清低碳排放饮食

大家可以把碳排放和收入相比较，北美的人均年碳排放为17.6吨，亚洲的人均年碳排放为3.8吨，北美是亚洲的近五倍。

我们不妨做个假设，如果基本生活保障是一顿饭5元，北美人均一顿饭是25元，而亚洲是5元，如果遵从同样的环保饮食减少

① 环保主义是保护环境的一种主张。极端环保主义是环保主义的一种极端表现，是指一部分人对环保的理念产生了极端化的扭曲。

碳排放的标准，同样减少 20%，发达国家人群 20 元可能只是降低生活品质，而发展中国家的 4 元却可能是食不果腹。

由此可见，低碳排放饮食是食物充足、社会富裕后的选择，发展中国家需要在优先发展民生的基础上考虑碳排放，人均碳排放高的发达国家应当担负更多的责任。

支持环保饮食，也希望大家可以认真地去思考和贯彻环保饮食，不被形式化的环保饮食所限制和误导。

未来的低碳排放饮食是怎样的呢？我认为，设置平等的碳排放标准，针对高、低碳排放人群制定差异化的碳排放规则，才是低碳饮食的未来。比如，当富人坐着私人飞机全球旅行的时候，吃一份飞机上的简餐，他为这个行为缴纳的税要比低碳排放人群多出数十倍。或者，当一个人的碳排放很低，他可以以更低的价格购买生活必需品，这可能才是低碳饮食真正的未来。

饮食理念：低碳饮食有一定的原则可以参照

在这里跟大家分享一些低碳饮食的内容。

首先是食物产地，尽量选择本地食物，外地食物运输过程碳排量太高，尤其不要选择进口食物，运输中的损耗和碳排放最高。

其次是减少新鲜食材的购买，优先选择初级加工的蔬菜、水果、海鲜甚至是肉类。在初级加工阶段，规模化的包装和冷冻可以延长食物的货架期，减少因为食物变质而导致的浪费。但是，过度加工的即食食品，碳排放就要高出很多，不推荐购买。

最后建议大家尽量自己做饭，在烹饪和浪费环节的损耗更小。

在摄入食物选择方面，也有不少好的技巧。

比如，蔬菜水果，除了本地生产，不选择有机食品，越是工业化生产的蔬菜水果，碳排放越低。

再如，动物蛋白来源的食物中，牛肉和羊肉及其制品的碳排放占全部动物蛋白质产品的一半左右，用鸡肉代替牛羊肉可以有效减少动物蛋白质制品的碳排放总量，当然这里不仅是指牛羊肉，还包括牛奶和羊奶制成的奶酪制品，同样不选择有机或野生生产，集中饲养的碳排放更低。

在零食和饮品上，可可制品[①]属于碳排放比较高的食品，饮品中的咖啡和酒精饮料都有较高的碳排放，需要限制摄入。当下最好的饮品，除了水，茶是首选的低碳饮料。

在主食上，大米是主要粮食作物中碳排放量最高的一个，碳排放量比牛奶和部分鱼类还高，可以用面粉类主食进行适量替换。

如果把碳排放作为一种资源来看的话，低碳排饮食和营养之间存在一定的冲突，大家可以类比收入和食品选择上的冲突。而低碳排饮食的未来，一定不是单纯的降低排放量，而是在公平的基础上做出最佳的营养配比。

---

① 以可可豆为原料，经研磨、压榨等工艺生产出来的可用于进一步生产制造巧克力及其制品的脂、粉、浆、酱、馅，如可可脂、可可液块或可可粉等。

TWO

02／让绿色出行成为一种生活方式

2018 年，环法自行车绕圈赛中国站的比赛在上海隆重拉开了帷幕，以其独特的魅力吸引了大众的眼球。赛事主办方“让骑行重回城市”的理念，迅速植根在中国骑行爱好者的内心，同时又在商业市场上赢得青睐。

曾几何时，我们国家可是一个不折不扣的自行车王国。20 世纪 80 年代，自行车是人们的主要交通工具，每到上下班的时间，街道上全都是人们的说笑声和自行车的响铃声。许多年过去了，虽然现在人们的家里不一定还有自行车，但是想起自己骑的第一辆自行车，应该都有着满满的回忆。

自 20 世纪 90 年代以来，汽车开始进入人们的生活，私家车就像当年的“四大件”[①] 一样成为众多家庭追求的目标。在讲究效率的现代社会，方便快捷的汽车自然成为出行的最佳选择。据公安部交管局发布的最新数据显示，截至 2022 年底，全国机动车保

① 流行于 20 世纪 70 年代的一种说法，指自行车、手表、缝纫机、收音机。

有量达4.17亿辆，其中汽车为3.19亿辆。随着我国的经济实力不断增强，近些年大城市的道路交通设计理念，也多转向以方便汽车行驶为主，“汽车本位”思想在很大程度上抑制了自行车交通的发展。

在我国，机动车逐年递增造成污染物排放量逐年增加，对环境和人体健康危害极大。对此，国家采取了严厉的“限行”措施。此外，日渐下滑的国民体质也成为亟待解决的难题，于是健康出行被重视起来。

近两年，绿色出行的倡议也越来越多地在各大城市里被提出来。绿色出行就是在日常出行中选择低能耗、低排放、低污染的交通方式，它是城市可持续交通发展的大势所趋。绿色出行以轻便、灵活、环保、舒适的特点，逐渐成为城市短途出行中不可或缺的方式。

那么，该如何让绿色出行真正成为一种普适性、全民性的出行方式呢？这里有三个方向。

第一个方向就是法律约束。通过颁布和实施相应的法律法规和出台相关政策，给绿色出行以硬性的规定。

以前在国内旅游的时候，有一个地区给我的印象最为深刻，那就是九寨沟。

在九寨沟，一旦进入到景区边缘，一切车辆都会被禁止驶入。为了保护景区内的环境不被任何有害气体污染，当地政府制定了极其严格的景区交通管制规定，同时当地的乡民对景区的环境保护意识也极强，几乎都会自发地维护景区的交通和环境。多年来一如既往地坚持，让九寨沟始终位处国家5A级风景区排名前列，2019年

10月18日，九寨沟还入选了“中国森林氧吧”[①]榜单。作为世界珍贵的自然遗产，得益于长期以来严格的环境保护，九寨沟始终保持着超高的生态保护、科学研究和美学旅游价值。

很明显，我们不能在全国所有的城市都采用这种强制措施和手段，但至少从目前开始，我国已经在着手规划绿色出行方面的长远目标，并落实在了纲领性文件当中。2021年，交通运输部印发了《综合运输服务“十四五”发展规划》，提出在“十四五”时期，重点创建100个左右绿色出行城市，引导公众出行优先选择公共交通、步行和自行车等绿色出行方式，不断提升城市绿色出行水平。到2025年，力争60%以上的创建城市绿色出行比例达到70%，绿色出行服务满意率不低于80%。

第二个方向是政策引导。绿色出行是依靠全民共同努力推进实现的，但在此之前，必须有政府或公共机构做出倡议或制定相应的鼓励措施，才能让绿色出行的观念广泛地被人们所接纳。

在政策引导上，各国针对降低交通排放制定了不同的方案。

法国近年来对每千米二氧化碳排放量低于100克的车辆，给予一次性5000欧元奖励，而对每千米排放二氧化碳超过160克的车辆，最高加征2600欧元的尾气排放超标税。

日本实行对不同节能程度的低排放汽车分别予以50%、75%或全免税收的优惠政策。

早在2010年7月，德国便按照发动机排量与尾气排放量征收

---

① “中国森林氧吧”评选是中国绿色时报社《森林与人类》杂志发起的“寻找中国森林氧吧”系列活动的重要内容，是一项生态文化普及和森林旅游宣传推介活动。

汽车税。这样的课税让德国人更加青睐低碳出行，在德国弗莱堡市，已经实现了市区全部公交线路全天候免费，该地区的市民全年有 3/4 以上的时间选择绿色出行。

在英国，以伦敦为先导，启动低排放区计划，驶入低排放区的重型汽车尾气排放量，需要达到欧盟规定的标准，否则每天征收 200 英镑的污染税，逾期不交的，还将加罚 1000 英镑的罚款。

在国内，许多城市的绿色出行也通过政府部门采取了不同程度的措施。兰州早在 2010 年 8 月，就由市政府向全体市民发出绿色出行倡议。目前，每周少开一天车、非必要不单独驾车外出等出行习惯在当地保持得很好。

香港则是秉承“清新空气约章”的信念，倡导公交出行，收紧对车辆废气的管制，使用新型燃料车辆取代柴油车辆，利用现代通信技术优化出行路径，使道路空间获得有效利用。

上海的做法则更具代表性，在国内首先制定了“碳普惠政策”[①]，碳普惠政策是为鼓励公众和小企业节能减碳而建立的一个引导机制，利用区块链、物联网等技术，能够记录和量化公众的碳普惠行为，通过商业、交易、市场等方式，引导和激励公众践行低碳生产和生活方式。

具体做法上，当地选择了一些基础比较好、有代表性的区域，或者统计基础好、数据容易获取的项目和场景来做碳普惠，如充电桩、新能源、公共交通、低碳消费等，进行探索和示范，建立区域

① 碳普惠是低碳权益惠及公众的具体表现，具体指依据公共机构数据量化公众的低碳行为减碳量，给予其相应的碳币。

性的个人碳账户。

上海的碳普惠建设方案已经于2023年下半年出台，每个市民都拥有了个人碳账户。骑车或者搭乘公共交通出行将获得碳积分，积分可以兑换某种奖励或者进行碳交易。通过设立个人碳账户，包括商业政策激励、可以拿到碳市场交易的方式，让个人低碳行为有一个定量化的价值实现。

第三个方向是技术革新。有人说中国城市太大、道路太快、距离太长，单纯依靠公交、地铁、自行车等轻便灵活的出行方式，无法从根本上实现低碳出行的最终愿景，因此，从源头入手，将汽车等主要交通工具的碳排放进行转化和缩减，也是绿色出行的重要举措。

2021年9月，清华大学正式成立了碳中和研究院，服务国家重大需求，并充分发挥清华大学多学科优势，重点在新能源汽车领域加大力度寻求技术突破。双碳目标下新能源汽车发展愿景，最终要实现动力电动化、能源低碳化、系统智能化。动力电动化指的电动汽车革命，核心是混合动力、纯电动动力和氢燃料电池动力等新能源动力系统。能源低碳化就是向可再生能源转型（新能源汽车使用新能源，新能源汽车推动新能源发展）、集中式发电与分布式能源相结合、用氢气和电池两种主要储能方式储存间歇式能源等。系统智能化的重点是将电动汽车作为智能化用能和储能终端，利用能源互联网、区块链等技术，聚合数以亿计的分布式电动汽车，构建虚拟电厂，发展车网互动的智慧新能源。

值得注意的是，我们还要看到技术革新为低碳出行带来推动效应的纵向层面，也就是说，新能源汽车将会带动交通的全面电动化，不仅是汽车，还包括火车、卡车、轮船、飞机等在内的各种交通工具的全方位电动化。

交通运输是能源消耗量最大、能源消耗增长最快的行业之一，回头来看我们的城市，即使每年投入城市基础设施建设费，但仍然不能满足新增机动车的道路需求，城市交通日益拥挤，所以，那些为此而焦头烂额的管理者们必须意识到，唯有从法律约束、政策引导与技术革新这三条主线共同发力，才能真正让绿色出行成为未来最主流的生活方式。

THREE

03 / 爱惜一滴水，节约一度电

我是 20 世纪 70 年代生人，一路的成长刚好伴随着国家改革开放的进程，从出生时的贫穷落后，再到今天国家的繁荣昌盛，我们从孩提时代便见证了这 40 多年来国家翻天覆地的变化。

我们来到这个世界上，出身取决于我们的家庭。在生活中我能感受到父母的朴实、平凡、真诚，同样也能感受到他们的无奈。如今生活在城镇里的人们，80% 都是从农村出来的，或多或少都经历过贫穷。

因为贫穷，我几乎把节俭做到了极致。记得读书的时候，要赶到离家 10 千米外的县城中学住宿，在那里，我把一元钱掰开了花，就这样度过每一段煎熬的寒暑。后来去了部队，当初那段艰苦的求学经历和部队厉行节约的严明纪律，让我节俭的生活习惯在内心更加坚固起来。从当兵上军校，到工作、创业，无论是当年弃医从政，还是后来弃政从商，我始终都视节俭为一种宝贵的财富。

所以，君旺集团创立 10 多年以来，我始终不断叮嘱我的同事们，历史是鉴往知来最好的教科书，而节俭的美德，正是我国悠久历史文化中弥足珍贵的精神之一。

历览前贤国与家，成由勤俭败由奢。勤俭节约是我们的传统美德，也是我国人均资源较少的现实选择。对于节约和避免浪费，我在各类场合反复强调，因此在君旺绝对见不到长明灯、长流水，也绝对不会出现下班不关电脑以及会场留下只喝了几口的瓶装水的现象。许多刚刚来到这里的年轻人不甚理解，为何君旺的创始人几乎在任何时候都对节俭这件事念念不忘。我想，正是因为较之这些年轻人，我真正面对过贫穷，所以我更有体会，更有深刻的感受。

近几年，随着视野的不断开拓，我对节约资源，特别是节约水电的感悟更加深刻起来。我逐渐意识到，爱惜资源，节约水电，绝不仅仅是节约本身那么简单。

2018 年，君旺集团总部还没有迁至上海，彼时的我在任吉林省人大代表期间，参加了吉林省第十三届人民代表大会第一次会议。在会议议程的分组讨论中，我作为民营企业家代表发言，内容主要是围绕当年年度政府工作报告中提及的“促进中小企业发展”“绿色发展”等话题。其中，在绿色发展领域，结合自身的生活工作经历，我特意提出了重视节约资源、杜绝浪费水电等观点。

我在会上提及节约水电的内容，更多的是呼吁大家珍惜来之不易的资源和获取这些资源的工作成果，但令我意想不到的是，在提倡厉行节约这方面，我得到了与会所有同志的高度认同，甚至引发了分组讨论中其他企业家和参会代表的共鸣。

在那次会上，许多代表对爱惜资源、节约水电发表了见解独到的观点，其中的许多观点，让我耳目一新，我突然发现，在环境保护和低碳社会的氛围里，对一滴水、一度电的节约，早已经被赋予了更深的含义。

费用账：关于浪费水电，要先学会算钱的账

水电的浪费现象，在公共场所要比在私人场所严重得多，究其原因，大抵是一些人认为“公家的水电，反正不是自己掏钱，不用白不用”。但是，钱不用你掏，可是债很可能要由你来还。

其实，对于经营场所来说，水电费用，都属于其运营成本。浪费水电，就等同于增加成本，成本高，利润就少，其结果很可能就是削减员工的福利待遇。也就是说，对公共水电资源的浪费，说到底，还是得个人来买单。

生态账：除了钱的账，还有一笔生态账更重要

一切皆有成本。什么是成本？其实就是我们做一个选择愿意付出的最大代价。任何事都有成本，哪怕它看起来免费。比如，在公共场合使用的水电，对个人而言，其实它也是有成本的。水是自然资源，电是由自然资源转化而来的，水电的加工、运输、贮存，其背后需要巨大的人力与物力支撑，因此水电看似常见、唾手可得，但其实都是自然资源的巨大消耗。

那么，从这一点来考虑，什么是“滥用”“浪费”呢？就是指开发资源的收益小于成本。开发了 100 元的资源，创造了一个 80 元的产品，对全社会来说就是资源浪费，这种情况应该被制止。但

只要收益大于成本，开发利用资源，就给全社会带来了好处，它就是正确的选择，就不是浪费和滥用。

浪费得越多，对资源的消耗就越大，一滴水一度电，看似不起眼，但积少成多、聚沙成塔，节水节电的问题也就不仅仅是钱的问题了，更有一笔生态账要算。可以想象，生态破坏了，环境恶化了，所有人不都是直接受害者吗？甚至我们的下一代还会为我们的任性买单。

理解节约水电，价格才是最好的指标

尽管节约的意识提了上来，尽管越来越多的人开始从成本的角度给节水节电算账，但是，不得不承认，浪费水电的现象仍然屡见不鲜。如果不搞清楚这第三层含义，我们很难为节约水电提出实质性的建议。为什么说节约水电，价格才是最好的指标？

举个例子，很多环保人士说，不要用木杆铅笔，那要砍很多树，用旧报纸做的铅笔最环保。可实际上，木杆铅笔 0.22 元／根，废旧报纸做的环保铅笔 0.35 元／根，为什么废报纸做的铅笔更贵呢？因为它的成本更高，旧报纸做铅笔，虽然不直接消耗木头，但它要消耗更多的水、更多的电以及人工，综合算下来资源消耗更多，你说哪种做法更环保？

再如，有的高档餐厅提供餐布，一般的餐厅只能提供餐巾纸，很多人觉得，用布更环保，因为餐布可以循环利用，而餐巾纸要砍好多树才能造出来，用多了肯定不利于保护森林。这也经不起推敲，为什么呢？因为少用纸就得多用布，多用布就意味着多用水、

全球80个国家和地区约15亿人口仍然面临淡水不足的危机，有26个国家约3亿人更是极度缺水。我国也是全球人均水资源最贫乏的国家之一，人均水资源占有量远低于世界平均水平。我国的“十四五”规划提出，要实施国家节水行动。节约水资源，需要全社会的共同努力，来营造“厉行节约、反对浪费”的浓厚氛围。

电和洗洁精。为什么只有高档餐厅才提供餐布？就是因为餐布成本高，而普通餐厅为了省成本，用了更少的资源，这反而更节约。所以，低价在很大程度上就意味着环保，不能光看循环利用之类的“外来词”。

现实中，有很多人觉得，水资源是民生刚需，应该保证低价，所以人为压低水资源的价格，结果水便宜了，大家更不在乎了，浪费的水反而更多了。这其实是人为制定的价格管制，扭曲了价格指导的效果。

所以，官宣政策也好，倡议引导也好，甚至采取一定的处罚措施也罢，对节水节电来说，可能真的事倍功半。只有理解了节约水电的深层次逻辑和含义，才有可能从意识的角度，较为彻底地探寻出一条可行的、科学的节约之路。

在最近一个时期，出于对双碳、气候治理以及环境保护的研究，我对节约水电这件事做过长时间的思考，要想做好，有必要让市场参与进来。

被浪费的价值，要靠产权和市场来平衡

市场不参与，就没有产权[①]，资源就容易被滥用。比如，一条河如果没有产权、没有归属，那河里的鱼估计很快就会被捕捉干净了。但如果允许市场买卖河流，就增加了人们保护鱼的积极性，因为鱼塘的主人为了未来也有鱼捕，一定不会滥捕小鱼，这就保护了鱼。

---

① 产权是指合法财产的所有权，表现为对财产的占有、使用、收益、处分。当水资源有产权时，产权所有者就会保护水资源使其不被滥用。

再如，为什么废气排放屡禁不止？因为空气没有主人，工厂可以随便排放。如果在一个充分竞争的市场里，空气也是商品，有明确的归属和产权，工厂再想排废气，就得花大价钱把空气买下来，这样就提高了排污成本，工厂考虑成本，就会减少排污量，而把空气转让出去的人，也能拿到公平的补偿，这是比较理想的状况。

现在，美国的一些地区已经实行了购买“污染权”[①]的措施，企业必须付费，才能释放硫化物。一些含硫量高的煤矿大受打击，产量开始减少，环境便因此得到了保护。所以，充分的市场参与，反而会减少资源滥用。

---

① 污染权是指排放污染物的权利，政府作为社会的代表及环境资源的拥有者，把排放一定污染物的权利像股票一样出卖给最高的投标者。

FOUR

04 / 垃圾分类，从我做起

垃圾分类绝对是近两年来最热门的话题。

以厨余垃圾为例，其产生的量非常大，约占中国城市生活垃圾的60%。厨余垃圾的成分很复杂，包含油、水、蔬菜、果皮、肉类、米面、汤汁以及废旧餐具、塑料、纸巾等。

2019年11月，住房和城乡建设部发布了《生活垃圾分类标志》新版标准，针对推行地区的差异，政府将餐厨垃圾、厨余垃圾和湿垃圾统称为厨余垃圾。

厨余垃圾的特点是水分含量高、易腐烂，若不及时处理，将对周围环境造成恶劣影响，还会滋生病原微生物和霉菌毒素等有害物质。厨余垃圾的处理将产生大量的二氧化碳及有害废气，据了解，我国每年产生的厨余垃圾中，约50%被填埋处理，38%进行焚烧处理。由于意识到了生活垃圾，特别是厨余垃圾在环境和气候层面带来的影响，越来越多的关于垃圾分类的措施和倡议被提出来，随着双碳目标的敲定，垃圾分类也被越来越多的城市开始实践和探索。

垃圾分类很重要，这一点毋庸置疑，但是从过往的经验来看，实际执行的效果并不理想。国内的有些做法值得借鉴，比如前面提到的上海，仍然需要走很长的路。关于垃圾分类这件事，有的人觉得应该来“软”的，先进行教育，让人们意识到垃圾围城的严峻形势。也有人觉得，要来“硬”的，不做分类的话就狠狠地罚。2022年，上海从7月1日开始推行强制垃圾分类，个人如果不做分类，会面临最高200元的罚款。

对于垃圾分类的操作方法，鉴于每个地区的气候、饮食、生活习惯各不相同，大体都有着各自的做法。但在我看来，“软”引导也好，“硬”措施也好，“软”“硬”兼施也罢，在方法的基础上，还应该有思路的铺垫和辅助，这一点在垃圾分类上，甚至比方法本身还重要，因为它关乎每个人意识的培养与提升。

意识能促进方法，就垃圾分类而言，我在一些书籍和文章中，学到了不少巧妙的思路。

哥伦比亚大学尚德商学院的学者，2022年在《哈佛商业评论》[①]上发表了一篇文章，令人暗暗称奇的是，他们作为心理学研究人员，竟然对垃圾分类提出了一些建议。他们认为，在环保问题上，如垃圾分类，其实一直以来就存在一种怪现象，大部分人都宣称自己支持环保事业，可真正愿意亲身参与环保活动的人却非常少，这是个让无数环保人士都感到很头疼的问题。

在垃圾分类上，有没有什么办法能改变这种局面呢？在进行了深入研究以后，研究者总结出了几个行之有效的方法。虽然其中一些策略很简单，但却能起到四两拨千斤的效果。

---

① 创建于1922年，是哈佛商学院的标志性杂志之一，历经90余年的发展，已经成为世界先进管理理念的发源地之一。

从众心理：运用社交影响力，激发人们的从众心理

我们都知道心理学上有“从众效应”，很多人做事的时候，在对一件事下决心做与不做的过程中，最终是看周围的人是不是都在这么做。这种选择的原因很简单，因为每个人都有想要融入社会的强烈意愿。如果能善加利用这种从众心理，就能更容易让人们采取环保行为。

方法其实并不难，有时候，往往只要多说一句话就行了。

加拿大的一个城市曾经发起过一场“碎草回收”的环保活动，当地政府鼓励居民在给自家草地除草之后，把碎草留在草地上自然分解，而不是装起来运到垃圾场。这么一来，既能减少垃圾，还能为草地的土壤提供营养，居民也省了麻烦，可以说是一举多得。按理来说，应该有很多人愿意参与，但实际情况是，真正这么做的人少得可怜。

于是，哥伦比亚大学的学者们给当地市政府出了一个主意：挨家挨户往居民门上贴小纸条，上面就多写一句话：“邻居们都在进行碎草回收了，你也可以做到。”

结果怎么样？不到两个星期，实施碎草回收的居民人数就增加了一倍。

多写上的这一句话，成功营造了一种氛围，让人觉得“其他人都这么做了，那我也最好这么做”。这个方法正是运用社交影响力，影响了人们的决策。

生活中这样的例子有很多。比如，你应该听过“好几亿人都在用的某某 App”的广告；有时读完电子书，会有窗口跳出来告诉你

“看过这本书的人也购买了某某书”。其实这都是在对你施加社交影响力。

如果是垃圾分类，怎么施加社交影响力呢？日本的做法值得我们思考。在日本的许多城市，当地政府要求居民装运垃圾的时候，必须使用完全透明的袋子。这样，有没有做好垃圾分类就一目了然了。如果有人偷懒，把厨余垃圾和可回收物放一起，那就肯定会被邻居看到，由此塑造了一种“围观”的效果。

这个方法很巧妙，它充分洞察人的心理。对个人而言，垃圾分类，做与不做，又没有人看到，即便在某一次或者某一时期没有做好这件事，人们也未必能发现。然而使用透明垃圾袋，就打消了人们的侥幸心理。当人的行为及其后果在其身边产生了社交影响力，他的行为自然会被这种影响力所导向。

养成习惯：通过设置“默认选项”，引导习惯养成

养成习惯并不是一件容易的事，特别是在养成良好的垃圾分类习惯上，有什么好方法呢？研究发现，把需要引导的新习惯变成“默认选项”，是一个很好的举措。比如在德国，居民在购电的时候，如果把太阳能、风能这样的绿色电力，设置为“默认选项”，那么高达 94% 的居民会选择接受。

这就是“默认”的威力。背后的原因，说白了很可能是怕麻烦。“默认选项”是最省事的，这个策略，巧妙地利用了人们的惰性。把更环保的做法变成“默认选项”，会让人们因为惯性而养成习惯。

回头看垃圾分类。现在在路边，我们看到的垃圾桶大多分为可回收和不可回收两种，也就是说“默认选项”是鼓励垃圾回收。而在家里面，“默认选项”却是一个垃圾桶，未来有没有可能从家里就改变这个选项呢？我认为这是在未来需要研究和加以改进的主要方向，即便没有普适性的政策或者改进办法，我们也可以在家中把垃圾分类从“默认选项”的角度，好好加以细分，进而养成习惯。

以上两点是从个人心理和选择上提升对于垃圾分类意识的思路，那么，如果要推行比较复杂的垃圾分类举措，该怎么办呢？

多米诺骨牌效应：从简单到复杂的递进

不知你是否有过这种体验：好久都没收拾屋子，某天随手把桌子归整了一下，然后就注意到地上也有灰，于是拖了一遍地，再之后就开始收拾厨房。结果不知不觉中，就来了一场彻底的大扫除。这就是多米诺骨牌效应。

之所以会有这种现象，是因为人们喜欢保持一致性，一旦开始做某件事情，为了保持一致性，就会去做其他相关的事情。

宜家曾经对顾客展开的一项调查发现，一旦顾客购买了某个节能产品，他们就会更倾向于购买其他节能产品。甚至有的顾客在买了节能产品之后，还调低了家里暖气的温度，还有的连地毯和窗帘也换成了更厚实的——所有这些，都是为了在节能方面保持一致性。可能连他们自己都没意识到，最初不过是买了一只节能灯泡而已，而后来却一步一步做到了这种程度。

这项调查带来的启发是：要推行复杂的垃圾分类的举措，不妨从一件简单小事开始。比如，一个城市，或者我们每一个人，可以先从每天早餐后的第一袋垃圾开始，做好厨余垃圾和可回收物的细分，进而再到当天办公室的第一份报纸、午餐、下午茶、逛超市用的袋子……这样，让自己逐天、逐周、逐月、逐年不断地强化垃圾分类行为，由小到大，由简单到复杂，由单一到完整。这就是充分利用多米诺骨牌效应，先推倒大众心理上的第一张“多米诺骨牌”，其他的，交给时间。

针对性策略：分清“心”和“脑”的区别

当要说动公众接受环保理念和垃圾分类理念的时候，一定要提前想清楚，是说服公众的“心”，还是说服公众的“脑”。说服“心”，就是动之以情；说服“脑”，就是晓之以理。不同的方向，有不同的策略。

在说服“心”的时候，最常见的误区就是用警告的姿态，如“再不怎么做，地球就会如何”。研究发现，在环保这件事上，让人们看到希望并激发他们的荣誉感，是更好的方法，因为人人都喜欢参与能获得“正能量”的事情。

在英国，有研究人员做过一组实验，内容是：选两组人，分别在一个时期内保持一类较好的环保习惯，如果做得到位，其中一组参与者会获得 5 欧元的现金奖励，而另一组参与者会在每个周末获得当众夸奖，没有现金奖励。

实验结束的时候发现，获得夸奖的那一组的节能成绩，要远远好过获得金钱奖励的那一组。这也从一个侧面反映出，在环保这件事上，荣誉感要比物质激励更加有效。

而说服“脑”最重要的技巧是一定要让人们获得“自我效能感”。什么是自我效能感？简单来说，就是让人能清楚地知道“我这么做，能有什么用”。

一项调查发现，人们普遍对节能没什么概念，但是，如果在包装上注明某节能产品“使用 10 年，总共能为消费者省下多少钱”，那销量就会立即提升 3 倍。原因很简单，是因为它直观地让人们知道了自己购买这个产品，会带来什么好处，因此获得了一种自我效能感。

对于垃圾分类来说，增强公众自我效能感的技巧，是尽可能贴近本地，范围越具体越好。

比如，纽约曾经在一个减少垃圾的宣传广告当中写道：“纽约每天产生的垃圾，能够堆满整个帝国大厦。”这句话一下子就让纽约市民有了非常直观的感受。如果公众能清楚地知道自己的环保行动能为所生活的社区和城市带来哪些具体改变，那么他们就更乐意参与进来。

以上 4 种在垃圾分类的意识上做提升的思路与方法，在我看来，对推广垃圾分类是会起作用的。美国说服力大师罗伯特 · 西奥迪尼[①]曾经把对他人施加影响力比作“按开关”，我们也可以把这 4 种方法看成是 4 个开关。想要有效地推行垃圾分类，不妨充分利用行为科学家们的这些发现，找到公众身上的“开关”，然后，轻轻地“按”下去。

---

① 罗伯特 · 西奥迪尼是全球知名的说服术与影响力研究的权威人士，他分别被威斯康星大学、北卡罗来纳大学和哥伦比亚大学授予本科、硕士和博士的学位。他的代表作是《影响力》。

FIVE

05 / 植树不止在植树节

2017 年 10 月，我去了一趟井冈山。井冈山的革命精神，让我精神振奋备受鼓舞。同时，那里优美的环境、茂密青葱的森林，也让我欣喜异常。林间的新鲜空气，更让人神清气爽。在我尽情呼吸感叹这里的美景之时，随行的工作人员向我介绍了井冈山这些年的变化，同时还分享了他们保护环境、护理这些树木和植树的心得。分开时他说了这样一句话："井冈山，两件宝；历史红，山林好。"我至今记忆深刻。他还约我第二年植树节的时候再过来，那时花开得鲜艳，可以一起植树赏花。从那时起，我切身感受到树木不仅对环境健康很重要，而且对我们的情绪健康也很重要。

后来我违约了，确实没有时间再去了。但是，以后几年每到植树节的时候，我都会想起那位朋友，想起当时的场景。2023 年 3 月 12 日是我国的第 45 个植树节，看到小区里的孩子们拿着铁锹跃跃欲试的神情，仿佛看见了孩童时期的我，那时候我们在老师的带领下，大家挖坑、栽苗、培土、浇水，好不欢快。尤其是看见自己亲手栽种的小树长成大树，那种成就感真是难以言表。其实，经过这么多年的宣传号召，每年的植树节都有很多人参与，学校、企业、社区，大家的积极性都非常高。据统计，中国适龄公民累计有175亿人次参加过义务植树，累计植树781亿株（含折算）[①]，这些树一年可产生14.29亿吨碳汇[②]量，因此，森林无愧于我国实现碳中和的“压舱石”的美誉。

据国际粮农组织[③]评估，森林每年固定的碳约占整个陆地生态系统固碳量的2/3。森林是陆地生态系统中最大的“碳库”，具有强大的碳汇能力。

林业碳汇是目前应对气候变化最经济、最现实的手段，是国际社会公认的有效途径，是基于气候变化解决方案的最佳选择。持续增加森林“碳库”储量和碳汇增量，发展林业，即植树造林，已成为助力世界各国双碳目标实现的关键举措。所以，我们坚持植树造林100年也不会错。

2019年7月29日，埃塞俄比亚总理阿比·艾哈迈德发布的一条推文在全世界引起了巨大轰动。为对抗全球变暖，埃塞俄比亚掀起了一股植树热潮，阿比·艾哈迈德总理宣布，该国单日狂种3.5亿棵树，有望创造一项新的世界纪录。此外，加拿大政府于2020年底宣布启动了加拿大森林成长计划，承诺未来10年将种植20亿棵树；蒙古国总统额勒贝格道尔吉也参加“全民植树日”植树活动，并号召蒙古国民众每人种10棵树；印度北方邦一众官员率领

---

① 数据来源：新华社北京2021年12月13日电。

② 碳汇是指通过植树造林、植被恢复等措施，吸收大气中的二氧化碳，从而减少温室气体在大气中浓度的过程、活动或机制。

③ 讨论粮食和农业问题的国际组织。

学生、议员等共逾100万人，合力在一天内种植了2.2亿棵树苗；英国环境大臣乔治尤斯蒂斯宣布到2024年5月，英国的林地创造率将增加两倍，每年种植约7000公顷（1公顷=0.01平方千米）林地；电商巨头亚马逊在社交媒体上宣布：美国地区的客户将能够通过Alexa兼容设备来轻松植树。只需使用“Alexa，grow a tree”语音命令，即可捐赠1美元来种下一棵树。与此同时，亚马逊表示将向与之合作的One Tree Planted环保慈善机构捐赠100万美元……有人打趣道：在世界局势纷乱复杂的今天，应对全球变暖或许算是世界各国家唯一的共识了吧。

尽管世界各国都在植树造林方面做了诸多努力，但我们要做的还远远不止这些。

相信还有很多人回想起亚马孙森林大火时，还会甚为惋惜。2019年8月，亚马孙雨林发生火灾，大火持续燃烧了16天，过火面积超过8000平方千米，相当于11个新加坡的国土面积。更让人心痛的是，这场火竟是人为造成的。有专家指出，不同于草原和森林自然起火，潮湿的亚马孙雨林起火大都是人为造成的。为占用更多土地用于放牧或耕种，人们砍伐雨林，并通过燃烧树干、树枝、树叶等清理现场，而燃烧留下的草木灰烬成为滋养土地的养料，正是这些活动导致火灾蔓延到未被采伐的地区。

当时，世界各地网民在社交媒体上发起了“为亚马孙祈祷”的呼吁，要求相关政府关注亚马孙森林大火的形势，拯救人类的“地球之肺”。法国总统马克龙更是将亚马孙森林火灾称作是一场“国际危机”。无独有偶，同年澳大利亚也发生了一场严重的森林火灾。火灾造成33人死亡，烧毁3000多所房屋，致超过30亿只动物死亡。辛辛苦苦十年功，一把大火全烧空。天灾不可怕，人祸足可惧。

森林大火给巴西和澳大利亚的教训是深痛的，我们要以此为鉴。据统计，雷电火、自燃等自然火引起的森林火灾仅占森林火灾总数的 1%。也就是说人为引起的火灾占 99%，这是一个多么可怕的比例。扪心自问，乱扔烟头、露天烧烤、点火烧荒、郊游篝火、违章作业……大家有没有犯过这样的错误？我们不能存在侥幸心理，每个人在植树的同时，也要把防火安全意识“植”在心里。

在我国的植树造林工程中，涌现出一批优秀的集体和个人。有“艰苦创业、科学求实、无私奉献、开拓创新、爱岗敬业”的塞罕坝；有“坚定信念、对党忠诚，牢记宗旨、一心为民，鞠躬尽瘁、不懈奋斗，大公无私、淡泊名利，艰苦奋斗、清正廉洁”的杨善洲；有“4 代人接力种树 40 年乐于坚持的现代愚公”郭成旺，他们的精神永远值得我们学习。

为抵御全球变暖，早日实现双碳目标，有没有什么好的办法呢？我们必须统筹安排，以政策护航、科技主导、经济投入、市场支撑、建筑节能、全方位布局来调动整个社会的积极性。

在政策上，中国气候变化事务特使解振华在瑞士达沃斯出席 2022 年世界经济论坛年会时，提出“力争 10 年内种植、保护和恢复 700 亿棵树”的中国行动目标。

2022 年，我国共完成造林 5745 万亩（1 亩 =666.7 平方米）、种草改良 4821 万亩、治理沙化石漠化土地 2771 万亩，实现了 1 亿亩的国土绿化既定目标，其中山西、甘肃、内蒙古、湖南、广东、广西、江西等7个省份人工造林均超过100万亩[①]。这些面积加在一起，比韩国的国土面积还要大。林草植被总碳储量达114.43亿吨，年碳汇量12.8亿吨。有政策护航，再加上我们每个人对植树造林这一工程的执着，这个目标一定会圆满完成。

科技上，二氧化碳捕集、利用与封存技术是国际公认的有效促进碳减排的重要措施，是实现双碳目标的关键技术之一。

2022年6月15日，中国海洋石油集团有限公司启动国内海上首个二氧化碳封存示范工程。海上二氧化碳封存项目服役后可以在海底储层中封存排放的二氧化碳，预计每年可封存二氧化碳约30万吨，累计封存二氧化碳146万吨以上，相当于植树近1400万棵或停开近100万辆轿车。而且我们的科研人员，还在进一步开发技术，改善存储方案，未来这一新兴技术一定会得到更好、更大的发展。

经济上，在世界各国协力推动“碳中和”的大趋势下，兼具经济效率和可持续的全球金融体系对于投资的长期价值创造已不可或缺。

2022年7月8日，大成中证上海环交所碳中和交易型开放式指数基金（exchange traded fund，ETF）结束募集，成为中国市场首批碳中和ETF之一，引导市场进一步服务经济绿色转型升级。大成中证上海环交所碳中和ETF是国内首批跟踪中证上海环交所碳中和指数的基金，该指数覆盖范围包括低碳及污染管理等领域，更符合碳中和主题。发行了包括新能源基金在内的多只公

① 数据来源：国家林业和草原局。

募基金，首批上报了上海环交所碳中和ETF，采购广东台山上川岛风电场一期项目抵消2021年运营碳排放量，实现年度运营碳中和。

为顺应碳达峰碳中和的趋势，能源与经济结构已经悄然改变，碳汇计量评估师这一新兴职业应运而生。

碳汇计量评估师是运用碳计量方法学，对森林、草原等生态系统进行碳汇计量、审核、评估的一种职业，这是一份可称为“绿色守护者”的职业。他们为生态系统的健康运转建立监测屏障，是助推我国尽早实现碳达峰、碳中和的有力助手。

建筑行业是我国的“碳排放大户”。由中国建筑节能协会建筑能耗与碳排放数据专业委员会编撰的《2022中国城乡建设领域碳排放系列研究报告》披露，2020年全国建筑全过程（含建材生产、建筑施工和建筑运行）二氧化碳排放总量为50.8亿吨，占全国碳排放的比重为50.9%。

作为一家节能环保企业的管理者，我深感责任重大。我和我的同事们会砥砺前行，把绿色发展理念贯穿企业生产经营的全领域、全过程、全产业链。我们会坚持创新发展，大力推进标准创新、机制创新、产品创新、技术创新和服务创新，还会更加积极地投身于被动式低能耗建筑产业的研发推广中，为建筑节能添砖加瓦。

在思想上，我们要强化节约意识、环保意识，接受简约适度、绿色低碳的生活方式。

节约用纸、少用一次性餐具、企业采用无纸化办公、节约办公照明用电……

植树造林是时代赋予我们的使命，植树节让全民树立植树造林、绿化祖国的责任意识，无论是树木还是树人都应当是伴随我们一生的事情。每年的植树节是一种提醒、一种观念，更是一种文化。就像习近平总书记说的那样，“培养热爱自然珍爱生命的生态意识，把造林绿化事业一代接着一代干下去”。

第七章

愿景

未来中长期低碳社会构建

谈起碳中和，人们总会联想到建筑、能源、交通等行业，也会意识到从生活方式、习惯养成等层面对个人行为加以约束和改善，这些都是实现双碳目标的关键。

需要指出的是，碳中和从来不在于束缚人类的生活，而是更多地赋予人们站在高处审视处在当下这个时代的方法，并通过碳中和实现自身跨越式发展的愿景。

本章我们将领略整个社会在宏观层面的“脱碳”指南，然后据此发现个人生活中的新机遇，让每个人都为自己的“碳生涯”发掘出内驱力。最终，我们将用这种内驱力，给企业、给行业、给全社会带来巨大的改变，使碳中和的实现路径真正得以走下去，打造出脱碳后的世界。

ONE

01 / 站在高处领略低碳：政策导向与个人行为

在成都，我发现了一个很有意思的手机小程序，叫“碳惠天府”，这是当地政府推出的一个碳积分政策平台。在这个小程序里，你可以绑定自己的出行步数、汽车数据，或者自愿申请停止燃油车的使用，换成新能源汽车。当你做了一些类似这样的事情，你就可以获得“碳惠天府”平台给你的碳积分，当积分攒到一定量的时候，就可以去参与植树或保护动物活动，然后兑换一些文创产品。

虽然这种兑换回来的收益看上去很微小，作为一个普通公民，参与低碳的权益也并没有显得那么实在，但是作为政策导向引领个人行为的一种试验，它是成功的。

因为这种做法已经让人们联想到低碳活动与自身的利益是密切相关的，如果碳积分可以兑换点儿更实在的东西呢？换句话说，未来的政策导向，在引领个人碳减排行为上，可以出台更多更好的措施。

碳普惠：用碳普惠机制鼓励个人减排

2021 年 8 月，全国第一笔碳积分优惠贷款在浙江衢州落地。“碳积分优惠贷”具体指什么？这说的是碳积分可以兑换更多的贷款额度，以及更低的利率。比如，衢州的某位市民去银行贷款，按照以前的审批标准，他只能贷 20 万元，但是银行发现，这位市民的碳积分达到了优惠贷标准，于是把他的贷款额度往上提了 50%，最后成功贷款 30 万元。不仅如此，贷款利率还下调了 30%。

贷款额度增加，解决燃眉之急；贷款利率下降，减轻还款压力。对于一个急需资金周转或者处在创业初期的人而言，这无疑是最大的政策层面带来的帮扶，而这样的帮扶，竟然是因为这个人平时保持低碳生活的习惯带来的，这无疑将给全社会的经济生活带来异样的感官冲击和心灵震撼。这就是碳普惠机制带来的社会效应。

但在我看来，事情的关键还不在于此。

我为什么给大家讲这个碳积分优惠贷的故事，是因为这件事的关键在于，银行是可以查到这位贷款市民的碳积分的，这说明：系统实现了打通。碳积分在当地已经形成了一套体系完备的系统，因而能实施类似给积分达标的市民提供优惠贷款的政策。

能够实现银行和个人之间系统打通，显然是当地政府做了大量努力。

任何一件事，如果没有机遇和潜质，只有挑战和责任，那是不会有人对此产生动力的。拯救发烧的地球，是全人类必须去做的事，但毕竟碳中和的叙事过于宏大，而个人的力量在它面前却太过渺小。既然个人的力量小，那么更多的人就会觉得自己本身也对碳中和这件事做不了太多贡献，意识的提升会带来行为上的坚持，如低碳饮食、垃圾分类，但长此以往的坚持能否带来一些看得见、摸得着的既得机遇，我想是未来公共意识引领个人行为的关键切入点。

碳生涯：通过碳普惠，打造个人“碳生涯”

我们显然能从类似碳积分优惠贷的个案中思考出碳普惠在更广领域的用法。关键问题是，作为政府部门或者公共政策的执行者，要全面而翔实地厘清对于个人的碳普惠应该涉及哪些行为，不同行为的普惠对象是什么，普惠的基本思路有哪些，以及更关键的，碳普惠用到的数据要从哪些维度来收集和统计、分析。

这样一来，就形成了政策引领碳普惠的完备体系，个人也将在这样的体系之下形成自己的“碳生涯”。在个人碳生涯打造这一领域，我既作为个人，又作为企业的经营者，同时也作为政府工作的建言献策者，对个人碳生涯在政策领域如何引领做过通盘的思考。

我将由浅入深地，从个人行为类别的五大领域做分析，说明在打造个人碳生涯过程中，政策引领应该发挥哪些作用。

出行领域方面很好理解，普惠对象是绿色低碳出行的个人，这类行为的普惠基本思路是，对更多地选择步行、骑行、地铁、网约车等低碳出行的方式予以鼓励。鼓励方式以碳积分的累计、兑换等形式为主。这类数据的来源相对容易收集，公交卡的发行单位、共享单车公司以及网约车平台，都可以获得准确而翔实的数据。

生活领域方面，普惠对象是普遍践行节能减排的家庭、个人以及小微企业。这类行为主要将受到政策关于节约水电、垃圾分类等内容层面的激励。获取这类行为的数据来源，要依靠政府对接供电公司、自来水公司以及垃圾回收公司等从事这类经营的企业，目前在国内大多并不采用完全市场化的方式，如水电的生产、供应，所以需要公共部门发挥更大的对接沟通、协调作用。

消费领域方面，普惠对象是购买节能低碳产品的消费者，对这类群体的普惠机制应该体现在对购买和采用低碳节能技术工艺制造产品的用户予以激励的政策，如财政补贴、购买时允许无息或贴息贷款等。这类数据主要源自产品生产方或销售方，由于这类数据渠道来源的多样性，为了避免数据失真进而带来的政策偏差，需要职能部门在对这类行为的碳普惠机制或政策制定之前，有对数据来源进行有效甄别的方法。

旅游领域方面，普惠对象是践行绿色低碳行为的游客。对这类行为碳普惠的基本思路是，对购买电子客票、乘坐低碳游览交通工具、践行低碳住宿的游客给予奖励或刺激。这类行为的数据收集主要来自旅游景区的管理部门以及酒店，重点在于为这些单位建立完备的数据存储和统计系统。这类行为的激励方式以商业激励为主，行为产生的积分可用于兑换折扣及增值服务，如餐饮、娱乐的优惠折扣，酒店的延迟退房、航空里程、超市赠品等，让公众通过日常消费中的优惠感受到低碳带来的直接经济价值，增强公众践行低碳的自主性。

公益领域方面，普惠对象是参与绿色低碳公益活动的企业、家庭和个人。这类行为碳普惠的基本思路，是对参加绿色低碳公益活动达到一定次数积累、达到明显减排效果的人，予以相应的认证，并对他们的工作、生活等方面提供相应的政策便利。这就好比参与无偿献血、公益助学、赈灾抗疫等行为，将被公共部门在其履历中予以认定。这类行为的数据来自公益活动的主办单位，政府要对这类机构从事和主办的公益活动，以及数据统计的工作上，发挥一定的监管职能，确保活动的真实有效。

作为个体，长期以来的个人生活，大抵是离不开而且最经常从事这 5 个方面活动的，所以，碳普惠制度应该从这 5 个方面，着力研究政策，打造每个人的“碳生涯”。

碳中和：用好碳中和之路这“漫长”的时间跨度

碳中和是一个长期工程，这就要求我们不得不关注社会、行业变化的趋势。距离 2060 年，还有不到 40 年的时间，这相当于一代人成长的时间。所以，碳中和的政策导向，反映到个人行为上，还必须考虑未来。

如何利用时间跨度思考未来？我们以普通人最关注的家庭中的大事之一的孩子高考选专业为例进行介绍。

现在电动车、清洁能源车很“火”，也带动了一大批电池人才的学业研究和劳动就业，那么，如果高考选择电池专业，是不是会很好？

其实并不一定，因为等你的孩子毕业，那时电池专业的人才很可能已经饱和。因为那么多年过去了，相关技术已经非常成熟，改进空间会非常小。要知道，技术升级的速度，是远远赶不上人才涌入的速度的。

所以，就给下一代选专业这件事来说，我们需要时间跨度思维，如教育部在2020年新设立了一个储能科学与工程专业，这样的专业领域前景会很好，就碳中和之路来说，此类学科专业的设定，很符合我们所说的“选专业”的参考标准。

当然，还有类似氢能、核能、智能电网、新型材料学等领域，它们目前都存在较大的技术瓶颈，从目前看，至少10多年内不会太过时。

“孩子高考选专业”这件事，不光要看未来的参考维度，还要有细分意识，如有些学术研究看似和碳中和没有直接关系，但它在未来很可能引领一个节能低碳的细分方向。对此，深耕于建筑行业领域多年的我是很有感触的。

建筑是个大学科，在细分方向上，智能建筑、光电建筑[①]、建筑与电气化、智能化等，都与碳中和相关，怎么实现零碳化，是一个非常值得研究的方向。

我要用“孩子高考选专业”告诉你，碳中和还有很长的路要走，个人参与到碳中和中来，研究的其实是环境社会学、生态学以及人与环境之间复杂关系的长期过程，不管结果是怎样的，只要你投身进去，未来都会有用武之地。因此，碳中和绝不仅仅是从道德领域约束人们的行为，我们更应该发现其中蕴藏的巨大机遇。

公共政策引领个人行为的效应，在我国历史上向来是尤为突出的，就碳中和而言，政策的效能，应该侧重引领而非约束，所

① 使用太阳能光伏材料取代传统建材，使建筑物本身成为一个大的能量来源。

以，能否让政策导向将个人行为很好地锚定在碳中和这条长期践行的道路上，值得每一个人、每一个企业以及社会团体深刻思考。只有站在高处领略低碳，从宏观的角度出发，研究政策如何进入微观和细致的领域发挥效能，才是政府与个人间达到契合的正确思维。

TWO

02／站在企业的角度审视双碳

从企业的角度看，双碳是企业长期发展的主线，是企业转型与创新发展绕不过去的主题。

我也是做企业的，平时与其他企业家交流的时候，尤其是那些传统企业家，他们或多或少对双碳这条路，没有那么大的底气。

但是我可以说，对于那些立志做长久企业的企业家来说，双碳绝对是机遇大于挑战的。

钢铁工业在双碳之路上面临的挑战非常大。我国的钢铁工业是 31 个制造业门类中碳排放量最高的行业，碳排放量约占全国的 15%，高碳特性十分突出，减排难度非常大。其面临的情况是困难多、时间紧、任务重、低碳技术贫弱、人才支撑不足。

就是在这种严峻的形势下，钢铁工业迎难而上，励精图强硬是闯出了一条真正实现大规模脱碳的康庄大道。我查阅资料发现，这些钢铁企业在自我改革上确实下了很大的功夫。它们优化原燃料结构、提高余热余能自发电率，加快数字化、智能化技术推广应用，提升系统效能、加强低碳技术攻关，加快前瞻性、颠覆性、突破性低碳创新技术开发应用，开展氧气高炉、氢冶金、碳捕集、封存等创新低碳技术联合攻关，还建立完善的监管考核机制。经过一系列艰难的自我改革，钢铁行业在双碳上终于有了重大进步。

我们看一下沙钢集团[①]取得的巨大成果。

投资超300亿元实施上百项环保提升项目、全工序达标超低排放、打造“花园工厂”、获评“绿色发展标杆企业”“节能减排先锋企业”……

沙钢集团采取的一系列绿色“大手笔”重塑了我们对钢铁行业的“传统印象”。它构建了以“源头减量—智能分类—高效转化—清洁利用—精深加工”为主线的全链条、全循环绿色发展的全新格局。这样做的效果使年循环经济产生的效益达到总效益的10%以上，美了生态，添了活力。2020年，沙钢集团还建成全国最大的330万吨钢渣处理项目，通过磁选、破碎、棒磨、筛分等技术深加工处理，实现钢渣100%的综合利用。而且，沙钢集团近600吨钢渣成功应用于张家港市市政道路的海绵化改造工程，也成为苏州市第一条钢渣透水沥青混凝土道路。

如今，循环经济已成为沙钢集团实现双碳目标的重要途径，既可对钢铁流程固废资源进行高效高附加值利用、为上下游用户提供绿色低碳原料和产品、实现协同降碳，也能积极拓展钢铁流程协同处置社会废弃物功能，系统降低二氧化碳排放。

钢铁工业在双碳之路上都能践行得如此好，其他企业没有理由做得不好。双碳对于企业挑战确实是暂时的，机遇却是巨大的。

---

① 江苏沙钢集团有限公司，是江苏省重点企业集团、国家特大型工业企业、全国最大的民营钢铁企业。

作为企业的领导者，我们必须清楚地认识到，实现双碳目标任重道远。在这场绿色考验里，我们无法置身事外。企业作为市场经济的主体，在发展的同时，也必须承担更多的社会责任，这一点我们责无旁贷。当然每家企业的特点不同，需要从自身实际出发来践行自己的双碳责任。

比如，京东集团的做法是通过“绿色手段”探索降本增效的路径，以实现多方共赢，他们已经将绿色理念注入自身的发展战略之中。在节约减碳上，越做越好，越做越自然。

京东集团全年开具电子发票超 28 亿张，由此节约纸张约合 1.6 万吨，相当于少砍伐 31 万余棵成年树木，减少碳排放 1.5 万吨；京东集团总部 1 号楼的所有公共区域照明灯具已全部改造为 LED 灯具，灯具的开启及关闭可由楼控系统自动完成；办公区域的栅格灯也在逐步更换为 LED 板灯，更换后，1 号楼办公区域照明用电平均每天减少 5000~9000 千瓦 · 时。

京东物流还发起了绿色供应链行动，即青流计划。京东物流通过与供应链上下游合作，在包装、仓储、运输等多个环节共同探索更加低碳环保的物流解决方案。京东物流常态化投入使用循环包装箱累计超过 2 亿次。通过青流计划，京东物流带动全行业减少一次性包装用量近 100 亿个。

再来看食品企业周黑鸭，周黑鸭不断创新绿色生产标准，以推动行业和消费者践行持续绿色发展理念。2022 年 4 月，江苏周黑鸭食品工业园一期光伏发电项目启动，建设 1.5 兆瓦 · 时装机容量光伏电站，采取自发自用、余电上网模式。正式并网发电后，预计年发电量 160 万千瓦 · 时，持续收益 25 年，可节约标准煤使用 1.5

万吨、减少二氧化碳排放 3 万吨。有效的节能减排，为自身实现绿色发展加足了马力，以周黑鸭为代表的食品企业正在为绿色发展提供有效举措。相信在未来，周黑鸭等食品企业还会加快创新步伐，设计出新的解决方案，打造持续发展的绿色未来。

双碳目标的达成，是实现低碳社会的前提，在实现低碳社会这一过程中，企业未来会面对已知的和未知的诸多困难，面对这些困难时，必须由政府作为大脑来进行协调指挥。

制度引导：用制度维护秩序

建设低碳社会必然要走很长一段时间，需要有完善的制度引导，政府部门应尽早全面制定建设低碳社会的宏观行动路线。规划先行，科学引导，提倡低碳社会试点建设，团结社会各团体力量，有效整合各界利益，共同为建设低碳社会出力，这一点潍坊就做得非常好。潍坊的公共自行车以市民需求为导向，按照“立足功能、疏解人流、成网成系、综合协调”原则，全力打造两个轮子的民生工程，覆盖全部市辖区。截至 2022 年，该市已经建成站点 1511 处，投放公共自行车 38550 辆，运营规模稳居山东省内第一、全国同级城市领先行列。潍坊市政公用事业服务中心通过限时免费骑行、组织世界无车日等主题公益骑行活动，引导市民选择绿色出行方式。在法定节假日、双休日期间，潍坊市区公共自行车系统早 6 点到晚 8 点不限时免费骑行，其他时间 2 小时内免费骑行。通过强化公共自行车的接驳换乘功能，与城市公交出行形成有效闭环，不但践行低碳而且减轻了交通拥堵压力。短短的时间内，潍坊市民办理借车卡近43万张，骑行突破3.54亿人次，累计节能14.53万吨标准煤，二氧化碳减排37.77万吨。

碳汇金融：用金融驱动市场

据测算，实现碳达峰、碳中和目标所产生的资金需求，规模高达百万亿元，金融业必须为企业高质量发展提供润滑剂。政府部门需以金融改革创新为驱动，以碳汇金融为切入点，搭建碳减排及碳汇项目建设平台，为低碳绿色发展注入金融活水。

绿色债券[①]对广投能源集团的双碳之路发挥了巨大作用。2021年3月，广投能源集团成功发行第一期专项用于防城港核电二期项目建设的“碳中和”绿色债券5亿元，这是深圳交易所首批、广西首单“碳中和”绿色债券在防城港落地。待该期债券对应支持的防城港核电二期项目建成投产后，每年可为广西提供165亿千瓦时清洁、高效、经济、可靠的电力能源，相当于当前广西全社会用电量的8%，每年可减少标准煤消耗约529.65万吨，减排二氧化碳约1600万吨，减排二氧化硫和氮氧化物约20.79万吨，环保效益相当于4万公顷森林。

合作共赢：促进国际合作

减碳问题具有全球性，需要世界各国合作应对。我国碳减排技

① 将所得资金专门用于资助符合规定条件的绿色项目或为这些项目进行再融资的债券工具。

术起步较晚，因而需要加强能源等各个领域的国际合作。政府部门应鼓励企业、研究机构等与国际同行积极开展跨国交流与合作，借鉴先进国家在节能减排、低碳等标准和相关技术方面的经验，助力我国低碳技术的发展。面对绿色贸易壁垒，我国政府部门应督促企业尤其是跨国企业提前做好准备，积极开展脱碳行动，实现互惠互利、合作共赢。

中国环保双碳科创园暨中欧双碳产业园就是在这样的大背景下成立的。产业园入驻的瑞士企业莱姆公司是全球电量传感器的著名制造商和行业领导者，主要生产经营各种高精度、低消耗的绿色环保电量传感器，几乎所有中国新能源汽车品牌和 50% 的风电、太阳能发电企业都使用该公司产品。园区入驻的中国环保厦门公司通过引进“垃圾分离技术”技术体系，开发了集装箱式有机垃圾处理成套技术装备，是引进、消化、吸收、集成再创新的成功范例。

产业园还依托莱姆公司、中国环保厦门公司、瑞科际公司，进一步促进双碳国际交流与合作，推动中欧双碳领域产业、技术、政策的交流合作，共同致力于减污降碳协同增效，形成双碳产业示范。未来还会打造集产学研宣教于一体、具有示范引领意义的双碳高端产业聚集区，这会极大地促进双碳相关产业的生产制造、技术研发、学术交流、宣传教育等功能。

双碳目标的实现、低碳社会的建成是一个长期的过程，我相信所有企业都会长期坚持，践行自己所担负的责任。

THREE

03／“退烧”之后的低碳社会图景

在全书的最后，我请各位读者与我一起来畅想一下：40 年后的世界将会是怎样的？

我不知道到那时，马斯克的公司会不会把人类送上火星，也不知道人工智能会不会让我们的世界变得机器人随处可见，许许多多今天的大胆畅想我不好预言，但似乎有一点可以确定，到 2060 年，地球将迎来“碳中和”的世界。

到那时，化石能源对于我们的子孙而言，可能已经成为稀有品，甚至成为教科书上的历史名词。那时候，以光伏、风电等为代表的新能源已成为主力能源，超低能耗建筑、零碳建筑也将成为居所的载体。

人们住在会发电的房子里，城市的边缘有着无数的大风机在高速运转，流淌在电网里的电力应该已经达到 80% 甚至 100% 的可再生能源比例。

燃油车早已不见踪影，以可再生能源为主力的电动汽车，甚至无人驾驶汽车会成为马路上的“主角”，汽车产业将迎来新玩法和新机遇。

影响房价的将不再是学区划分、交通优势，而是建筑是否具有更高效的节能减排和更科学的智能化。

很多现在看似贫瘠荒芜的“无人区”，将迎来翻天覆地的变化，它们将成为最主要的能源输出地之一，在经济版图上的角色，也将被重新定义。

地球的气候环境得到显著改善，洪灾、高温、山火、台风等极端天气和随之而来的恶劣影响不会再有，困扰人类已久的雾霾和环境污染问题消失殆尽，地球重归绿色生态。

人们的意识将随着世界的改变而重塑，碳中和将会给各行各业带来颠覆性改变，身处碳中和时代洪流中，我也曾大胆地畅想和预测 2060 年以后的世界。我想，我们人类现在的意识，将在未来的世界里被重塑。

人类将迎来一场新的能源革命

100 多年以来，人们为了获得热、电等能源，早已习惯了使用化石能源，当碳中和将不可再生能源的使用率降到最低点，大量新型的可再生能源被使用，在能源行业里，将发生并完成系统性、颠覆性的革命[①]。

随着各种新型零碳能源的使用，电能的生产将变得更加多样化，传统化石能源生产的电力，如火电、油电等，比重将逐年下

① 产业革命与能源革命的关系，是指人类经历过工业革命或产业革命，几乎每一次都给文明带来了翻天覆地的变化，而能源与工业的进步几乎是画等号的。

降。这意味着，传统发电方式和其背后绑定的资产将逐渐退出历史舞台，电力的供求，将走向完全市场化的趋势。

市场化的新型电能，其生产和供应方式更加灵活且便捷，如房子会利用光能发电，随处可见的充电桩会让汽车用户们的里程焦虑消失，更重要的是，新型电能会在智能科技的作用下，让用电设施会在不影响使用功能的情况下自动选择什么时候用电最经济。这会带来什么？最不难想到的是，以前的电价计费方式将被取代。

未来的居住环境将可能全部电气化

实现零碳社会，建筑行业必须大力跟进。

根据我对建筑行业和建筑材料在未来发展趋势的判断，2060 年前后的办公、居住类建筑，几乎将全部电气化。建筑物表面将全部安装光伏设备，实现光能发电，建筑物内部材料将具备分布式蓄电功能。

与此同时，建筑内部将采用直流配电、柔性用电，我国北方每年冬天使用大量的化石能源获取热源的方式，也将通过建筑电气化技术予以全面取代。除此之外，未来的制冷、烹饪、照明、智能家居，可能都将因建筑电气化而实现电力的自发自用。

交通将变得充满“未来感”

北京冬奥会期间，出现了一款绿色接驳车辆，车顶上有几个储存氢气的罐子，氢气与大气中的氧气发生化学反应，就能发电，而且，它不排出尾气，而是排放可以直接饮用的水，这让人的联想变得更加天马行空起来。也许，在2060年，公路上将再也见不到燃油车，空气中将不再充斥难闻的尾气味道，城市里将不再看得到轰鸣的马达，一旦无人驾驶技术成熟，我们甚至将不再听得到车辆鸣笛产生的噪声……

将出现真正的“城市森林”

随着减排技术的不断突破，另一个降碳手段——“碳汇”也势必会从技术层面不断成长。于是，打造“城市森林”的愿景，将不再是某些商业领域的营销口号。那些充满钢筋混凝土的城市里，今后可能将随处充溢着绿色的、大自然的味道。

碳资产将成为个人投资的主流资产配置，不可否认的是，自20世纪末21世纪初开始，我国经历并且仍在经历着漫长的“土地财政”[①]时代，房地产行业一直作为国民经济的支柱产业，扮演着“城市股票”“最重要的不动产”等“最具投资价值和潜力”的角色。21世纪的前20年，绝大多数人的资产配置都在房产上面，房子早已脱离了商品的本身，成了一个保值增值的工具。

所以，从土地财政的角度理解，也就很容易看清，不论是A股、B股，还是新三板、创业板，在投资领域，为什么都不如房子那么值得信赖了。

但随着房地产政策的层层加码，房地产大涨已经不再可能，个

① 土地财政是指地方政府依靠出让土地使用权的收入来维持地方财政支出。

人理财需要另外的渠道来实现，而新兴的碳交易市场则可能承担这个功能。随着碳市场的启动以及双碳目标相关政策的逐渐落地，无论现在的碳价怎么波动，从长远来看，一定处于上涨趋势，这符合资产保值增值的需求。

于是，碳资产有可能作为终结房地产投资的存在，在未来成为个人投资的主流资产配置方向。更重要的是，碳资产的投资门槛低、灵活性强，相对于股票市场，对长期的收益更有预期。所以，在房地产失去资产保值增值的功能后，碳资产可能代替房地产的位置，成为下一个国民级的理财工具。

低碳消费将成为下一个消费升级的风口，如果你曾经有过减肥或健身的经历，那你一定在购买食品时反复确认过各种食品的卡路里是多少。不难想象，在未来，我们购买所有商品时，可能会反复确认该商品的碳足迹是多少。也就是说，在未来，商品的碳排放信息可能会像食品的营养成分表一样被强制公开。

在双碳目标下，低碳消费将成为一种新时尚，甚至是另一种形式的消费升级。很多人认为低碳生活就是节约，就是低消费。其实不然，国家不会将低碳生活导向低消费或者是不消费的方向。

相反，在所有产品都打上碳足迹标签的时候，国家会倡导民众购买低碳产品，以此反向刺激生产商生产更为低碳的产品。

有些人可能会将低碳产品与低端产品联系在一起，但是未来真正的低碳产品，可能反而是高端产品的一个必备元素，无论从外观、功能和价格上都要高于一般产品，最典型的莫过于新能源车。

所以，下一波的消费升级很有可能是以低碳产品为基本要素的所有产品的更新换代。在未来，低碳消费还可能成为我们获取碳资产的一种渠道。

当然，如果你做不到低碳行为，或许会为高碳生活支付高昂的生活成本，如碳税或者碳额度。相反，如果你持续低碳生产、生活，就可以通过碳交易获利。对碳中和世界的想象，只是这场深刻变革的冰山一角。为实现碳中和目标，需要全社会各方面的努力和实践。

综上所述，引领能源革命、重置投资结构、优化消费升级，碳中和带来的种种利好，让我们似乎真的可以联想到“退烧”之后的地球的样子。在 2060 年的某一天，或许会出现以下情形：

清晨，一辆自动驾驶汽车来到你家门口，车上已经坐着与你拼车的同事，它载着你们来到一幢外墙种满绿植的建筑物——那是你们办公的地方。随着机器人手持推盘，将早餐送到你的工位前，太阳能制动的空调和计算机随之启动，你开启了一天的工作。

临近中午，半天的工作积攒的碳减排量达标，手机弹出信息，半天的碳减排兑换了一张免费午餐券，下发至你的云端碳账户。

下午，光伏驱动的快递终端机送来了你购买的电气化炉灶配件，你一边拆开可循环快递包装盒一边想，今晚可以给孩子做一顿可口的晚餐了。然后你突然想起，接你下班回家的无人驾驶汽车似乎电量不那么足了，于是操作智能手表，发出信息，让汽车自动开往办公楼前的充电桩充电。

一天的工作结束了，在回家的路上，城市智慧交通系统为你规划好最佳路线，完美避开了所有拥堵，快捷地将你送到了那个用绿色水泥、可再生板材建好的居民楼下，电梯自动开门，迎接你回家，然后你开始试用新“炉具”。

傍晚，你带着孩子们走在小区公园的小路上，看到加班的年轻人正从公共电动接驳的车站点走来，而你的孩子正眯着眼从爬满绿色藤蔓的地方找自己家的窗户。这可要费一番功夫，因为此时智能家居系统已经把电动窗帘拉起来了。

夜幕降临，灯光球场里光伏储能的照明灯亮了起来，你和孩子们一起观看了一场激烈而精彩的比赛。

回到家中，节水节能的电器为你带来了舒适的沐浴，整个过程中，建筑储能设备中的存电驱动着室内空调系统，让整个房间的温度与湿度恰如其分地保持在最佳状态。与此同时，可循环的水资源灌溉系统正在帮你自动浇灌绿植。

夜深了，家人们已沉沉睡下，垃圾智能分类系统自动将塑料、金属等可回收资源分离出来，这时，手机短信提示你，明天将乘坐氢能飞机飞往出差的目的地，并附带这次飞行可以为你累计的碳减排积分。一天的工作和生活即将结束，智能家居系统自动调暗了灯光，此时的你即将入睡，也即将开始零碳的全新一天……

后 记

经过一年多的时间，终于写完了本书。回顾10多年的创业历程，感触颇多，借此机会，我想表达我此时此刻的心情。

首先，我要感谢多年来跟随我一起创业奋斗的团队成员，大家因为同样的事业走在了一起，是君旺成就了我们的战斗友谊，给予了我们施展才华的舞台。虽然我们来自大江南北，却追随着同一个事业，践行着同样的企业文化，企业就是家，发展靠大家，相信奋斗者在一起一定会创造更加美好的明天。

我要感谢给予信任、包容和鼓励的所有客户朋友们。多年来，我们坚持以客户为中心，紧密围绕客户需求开发新产品、研发新技术。每一次您的赞誉，便是鼓励我们前行的最大动力。我们要更加努力，用更好的产品和服务创造更大的社会价值。

我要感谢关心帮助我成长发展的领导、老师和朋友们。成长路上，唯有信任难能可贵！无论是从军求学，还是走上创业之路，每一次困难迷茫，我都要感恩有您在身边鼓励、帮助。这份信任，是鞭策我前行的力量！

我要感谢建筑节能行业的各位专家、同仁。多年来，你们为我指点迷津，坚定我的战略自信。在行业发展最艰难时期，大家抱团取暖，传递信心，砥砺前行。当下，我们都坚信，绿色发展将迎来新机遇！

我要感谢所有的合作伙伴们。供应链的科学组织、上下游的紧密配合，离不开你们的大力支持。前程路漫漫，更需携手人，相信我们未来的合作会更深、更广！

我要感谢徐智勇先生—— 一位和我父亲同龄的忘年交，也是德高望重的前辈。作为君旺集团资深的专家顾问，徐老严谨、敬业、积极、乐观的优秀品质一直影响着我。在我提及写这本书时，徐老给我鼓励、帮我把关，才得以使本书顺利完成。

最后，我要感谢我的家人，你们是我事业发展最坚强的后盾。在我写这本书时，女儿经常自豪地和别人讲，我爸爸从事的工作是在“拯救发烧的地球”。很幸运，习心梓同学在代表学校参加 2022—2023 年全国“未来之城”关于应对气候变暖教育项目活动比赛中，获得了全国团体二等奖的优异成绩，低碳教育，真的应从孩子抓起。

今天，《拯救发烧的地球》终于和大家见面了，感谢清华大学出版社和天津广告人文化集团的朋友们，感谢百忙之中为本书写推荐序的韩爱兴先生、周宏桥教授，感谢边书平先生、崔国游先生、陆颖青女士、谢远建先生、徐伟先生、徐强先生、张默闻老师、张旭教授，感谢你们的鼓励和支持！

衷心希望《拯救发烧的地球》能够给您带来一点点触动，让我们携起手来，行动起来，祝福我们的地球更美好，祝福我们的生活更幸福！

习珈维

2023 年 7 月 6 日